大拙至美

梁思成最美的文字建筑

梁思成　著

林　洙　编

中国青年出版社

大拙至美

梁思成最美的文字建筑

梁思成 著

林洙 编

中国青年出版社

作品

以建筑来隐喻建筑。

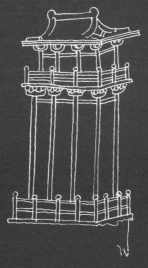

FREER GALLERY

刻石

建筑是历史的反映。

建筑师是幸福的，因为他可以看到很多美的东西；

建筑师也是痛苦的，因为他也会看到很多丑的东西。

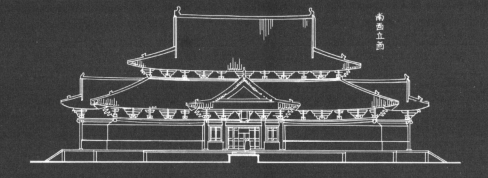

南面立面

橋

目　录

第五部分

A TEMPLE HALL OF THE T'ANG DYNASTY
AFTER A RUBBING OF THE ENGRAVING ON THE TYMPANIUM OVER THE WEST
GATEWAY OF TA-YEN T'A, TZ'U-EN SSŬ, SI-AN, SHENSI

唐代佛殿圖　摹自陝西長安大雁塔西門門楣石畫像

前言

　　1962年我与思成结婚后，一天，一个朋友突然跑到我面前，用非常蔑视而严厉的眼光望着我说："你对梁思成的'建筑'懂得多少？"我吓了一跳，自然什么也答不上来。可不是吗，我对梁公的学术思想懂得多少？这个问题一直像一块大石头重重地压在我的心上。那个时候，我做梦也没有想到有朝一日我会亲自参加《梁思成文集》、《梁思成全集》的编辑工作，并完成他全部著作中图片的选配工作。

　　到了"文化大革命"，我们才有足够的时间来谈论他的建筑思想。直到他去世之后我才系统地学习了他的著作。逐渐地，他不仅是我的亲人、丈夫，一个勇于追求真理，不屈不挠的学者，一个伟大的爱国主义者的形象矗立在我眼前。

　　去年冬，中国青年出版总社青春图书编辑中心的王飞宁女士问我愿不愿意为非建筑业内的青年朋友编辑一本科普性的读物，并向读者简单地介绍一下梁思成的生平，内容尽量活泼些。我欣然同意了。但是内容活泼些！这可把我难住了。我生性是个死板的人，但是答应了的事只好努力去做。因此我选了一些他为外国朋友写的古建介绍和一些随笔。并在他的笔记本中选了一些速写，他是一个善于用绘画来表达自己的感受的人。他非常爱护他的学生，他不仅教书还善于教人，因此我集录了一些他与学生的谈话，编辑成这本书，希望朋友们能喜欢。

林洙

2007.3

梁思成简介

成　长

1898年戊戌变法失败，梁启超逃亡日本。1901年梁思成在日本东京出生，1912年梁思成随父母回国。

1915年，梁思成进入清华学校。他除了学业优秀外，兴趣十分广泛，爱好体育运动，并擅长音乐及美术。另一方面学校提倡各种社团活动，对培养学生的民主精神及全面发展很有好处。

梁启超十分担心孩子们在清华接受了西方文化，而丢了国学。于是他每在假期为子女讲学，先讲《国学源流》，后讲《孟子》、《墨子》、《前清一代学术》等。梁思成回忆说："父亲的观点很明确，而且信心极强，似乎觉得全世界都应当同意他的观点。"清华八年的教育和梁启超的影响，对梁思成形成乐观开朗的性格、不断进取的精神、坚定的自信心、学术上严谨的作风、广泛的兴趣与爱好，起了决定性的作用，并使梁思成成为一个炽热的爱国主义者，对祖国、对民族文化的热爱胜过了一切。

1924年，梁思成和林徽因同去美国宾夕法尼亚大学建筑系学习。但是那时建筑系不招女生，林徽因也和一些美国女学生一样报的是美术系，但选修建筑系的课程。她是我国第一个女建筑师。

梁启超这样教育梁思成：

"……凡学校所学不外规矩方面的事，若巧则要离开了学校才能发现。……况且一位大文学家，大美术家之成就，常常还要许多环境及附带学术的帮助。中国先辈说要'读万卷书，行万里路'。将来你学成之后要常常找机会转变自己的眼界和胸襟，到那时候或者天才会爆发出来，今尚非其时也。"

"……这种境界，固然关系人格修养之全部，但学业上之熏染陶熔，影响亦非小。因为我们做学问的人，学业便占却全部生活之主要部分。学业内容之充实扩大，与生命内容之充实扩大成正比例……"

梁思成正是这样遵循父亲的教导去做的，他从宾夕法尼亚大学毕业后转入哈佛大学研究院准备完成《中国宫室史》的论文，但他在哈佛读遍了所有有关的资料后发现不能依靠这些资料去完成他的论文，他必须回国进行实地调查。

1928年梁思成、林徽因在加拿大渥太华结婚，婚后到欧洲各国去游历。他们尚未完成欧游计划，因梁启超病危而匆匆回国。

美国学者费正清曾这样概括梁思成与林徽因所受的教育："在我们历来所结识的人士中，他们是最具有深厚的双重文化修养的。因为他们不仅受过正统的中国古典文化的教育，而且在欧洲和美国进行过深入学习和广泛的旅行。这使他们得以在学贯中西的基础上形成自己的审美兴趣和标准。"

梁思成在美学习时看到欧洲各国均有自己的建筑史，并逐步认识到建筑是民族文化的结晶，也是民族文化的象征，我国有灿烂的民族文化，怎能没有建筑史，因此他决心要研究中国的建筑发展史。1928年他们回国，先到沈阳的东北大学去创办建筑系，这是当时我国最早的两个建筑系之一。但这个建筑系只办了三年就因"九一八"事变而结束了，梁思成也因此回到北平转入专门研究中国古建筑的学术机构中国营造学社①从事中国古建筑的研究。

第一本阐述中国古建筑做法的现代读物

学社早期的工作注重于文献方面。中国几千年文化留传下来的有关建筑技术方面的书籍，仅有两部。一部是宋代的《营造法式》，它是中国古籍中最完善的一部专书，是研究中国建筑史的一部不可少的参考书。另一部是清代官订的《工部工程做法则例》。

但是这两本书的内容既专又偏，一般人看不懂。匠人们不识字，也不用书。有关的术语名词也因世代口授相传而演变，于是这两部巨著成了今日之

① 有关中国营造学社请参阅《叩开鲁班的大门——中国营造学社史略》一书，林洙著，2007年天津百花出版社出版。

谜。梁思成认为清代的《工部工程做法则例》更接近现代，应先从《工部工程做法则例》入手。因此他以故宫为教材，拜老木匠为师，开始了艰难的跋涉。

梁思成经过对清工部工程做法及各种民间抄本的深入研究，于1932年完成《清式营造则例》一书，该书并非《工部工程做法则例》的释本，而是以《工部工程做法则例》为蓝本，从那里边"提滤"出来的，旨在从建筑的角度对清代"官式"建筑的做法和清式营造原则做一个初步的介绍。这是我国第一本以现代科学的观点和方法总结中国古代建筑构造做法的读物。

1932年3月《清式营造则例》脱稿后，梁思成认为对清式的研究可暂告一段落。对古建筑更深入的研究不能停留在古籍中，必须对实物进行测绘调查。

中国第一篇古建筑调查报告

1932年春，梁思成首次赴蓟县调查独乐寺，当时上层知识分子很少下乡，他们不仅受制于交通，还有许多困难和危险。那些供旅客住宿的小客栈，通常只有火炕。蚊子、虱子、跳蚤，传染着各种疾病。饮食呢？到处布满了苍蝇，那时可怕的霍乱正在中国大地上到处蔓延。

梁思成在日记中写道："这是一次难忘的考察，是我第一次离开主要交通干线的旅行。那辆在美国早就当成废铁的破车，还在北平和那座小城之间无定时地行驶。我们来到箭杆河，因旱季，它的主流仅三十英尺宽，但是两岸之间的细沙河床却足有一英里半宽。我们渡过河水后。那辆公共汽车在松软的沙土上寸步难移。乘客们得多次下车把这辆破车推过整个河床，而引擎就冲着我们的眼鼻轰鸣，把沙土扬上来。为了这五十英里路程我们花了三个多小时，当时我还不知道，在此后的几年中我会对这样的旅行习以为常，而毫不以为怪了。"

独乐寺群组，还保存有两座古建筑：一是山门，一是观音阁。观音阁从外观上看极像敦煌壁画中所见的唐代建筑，在艺术风格上也保持了唐朝的那种雄厚的风格。

总之独乐寺山门及观音阁的调查，为中国建筑史及《营造法式》的研究提供了丰富的实物资料，同时也证明了梁思成的研究道路及研究方法的正确。

《蓟县独乐寺观音阁山门考》的发表，在国内外学术界均引起较大的反响。这篇报告之所以引起震动，有两个原因，一是因为独乐寺是当时我国已发现的最古的一座木构建筑；再一个原因是，这篇报告是我国第一篇用科学方法描述和分析中国古建筑的报告。

继独乐寺调查之后，从1932年到1937年他跑遍了大半个中国大地。发现了举世无双的山西应县辽代木塔。这是全世界最高的一个木构建筑。在1937年6月他终于在五台山找到了唐代的木构建筑佛光寺大殿。正当他沉浸在发现唐代建筑的喜悦中时，抗日战争爆发了。

北平营造学社被迫解散。抗战期间梁思成又与部分学社成员对西南地区的古建筑进行考察。直至1941年，因营造学社的经费没有固定来源，他们不得不停止了野外调查。

从1932年到1941年梁思成与学社同仁总计共调查了190个县市。1937年以前详细测绘的古建筑有206组建筑物2738座，西南地区的调查工作因学社成员分别离去，故未做统计。

我国第一本《中国建筑史》

从1942—1944年，梁思成根据多年调查古建筑的成果悉心研究建筑发展史，在实物的对照下终于读懂了宋代的《营造法式》这本"天书"。1944年他完成了《中国建筑史》的写作。这是我国第一本《中国建筑史》，还了他《中国建筑史》要由中国人来写的夙愿。与此同时他还写了英文版的《中国建筑史》——A Pictorial History of Chinese Architecture，这是一部以图版和照片为主，加以简要文字说明的读物，供外国读者阅读。在写作《中国建筑史》的空隙中他将《营造法式》用现代绘图法将它的每一章节绘制出来，这是他十几年研究《营造法式》的成果。梁思成虽然十几年来专注研究古建筑，但他的视野从来没有离开建筑设计，并注意到城市规划这门新学科的发展，这是他与一般古建专家所不同之处。

1945年抗日战争胜利，梁思成考虑到对中国建筑史的研究可以暂告一段落，国家正面临战后的复兴任务，尤其缺少建设人材。因而他建议母校开设建筑系，培养建设人材。清华大学校长梅贻琦很快接受了他的建议，并任命他为建筑系主任。

荣　誉

此时美国的耶鲁大学，来函聘请他为1946—1947年的客座教授，讲授中国艺术史及建筑史。美普林斯顿大学亦聘请他于1947年4月（正值该校200年大庆）参加"远东文化与社会"国际研讨会的领导工作。两份邀请函都赞扬了他不畏各种艰难险阻，坚持对中国古建筑进行研究并发表研究成果的顽强毅力。他忽然间成了一个国际知名的人物，为他的西方同行所关注。

1947年2月梁思成又被外交部推荐，任联合国大厦设计顾问团的中国代表。在耶鲁大学他系统地讲授了中国建筑发展史及雕塑史。办了一次中国古建筑图片展。在普林斯顿大学的学术研讨会上作了"唐宋雕塑"与"建筑发现"两个学术报告。也就是在这次会议上，他把四川大足的石刻艺术首次介绍给国际学术界。普林斯顿大学因他在中国建筑研究上的贡献，授予他荣誉文学博士学位。

在美国的一年多，他还参观考察了近二十年的新建筑，同时访问了国际闻名的建筑大师莱特（F.L.Wright）、格罗皮乌斯（Gropius）、沙里宁（E.Saarinen）等，出席了在普林斯顿大学召开的"体形环境"学术会议，接触了许许多多、大大小小的建筑师及有关住宅、城市规划、艺术和艺术理论、园艺学、生理学、公共卫生学等等方面的专家、权威。尽管他们各有派系、风格不同，但有一点是相同的：他们规划、设计的目标，就是生活以及工作上的舒适和视觉上的美观，强调对人的关怀。

尽管梁思成一向关注城市规划及建筑理论的动向，但经过这一年多在国外的考察，更深入了解到国际学术界在建筑理论方面的发展。建筑的范畴已从过去单栋的房子扩大到人类整个的"体形环境"，范围小自杯盘碗盏，大至整个城市，以至一个区域。建筑师的任务就是为人类建立政治、文化、生活、工商业等各方面的"舞台"。

创建营建系

梁思成从美国考察回来后，他总结了在美国考察一年多的收获，博采众长，并以他自己的建筑观为核心，提出"体形环境设计"的教学体系。认为建筑教育的任务已不仅仅是培养设计个体建筑的建筑师，还要造就广义的体形环境的规划人才，因此他将建筑系改名营建系。

梁思成回顾我国建筑教育的状况，决心要办一个达到国际最高水平的建筑系。

梁思成下决心对清华建筑系的教学计划做大幅度的修改，决定在营建系下设"建筑学"与"市镇规划"（这是我国高校第一个城市规划专业）两个专业。他认为从长远看，应设营建学院，下设建筑系、市镇规划系、造园系和工业技术学系。

梁思成说："建筑师的知识要广博，要有哲学家的头脑、社会学家的眼光、工程师的精确与实践、心理学家的敏感、文学家的洞察力……但最本质的他应当是一个有文化修养的综合艺术家。这就是我要培养的建筑师。"

他非常注意树立民主的学风。他平易近人，又很诙谐，鼓励大家畅所欲言，年轻人在他面前从不感到拘谨。他也很信任大家，不管是教师或是学生在系里都感到很自由，很舒畅。他是以他的思想和理论来领导全系的。

梁思成在教学上进行的一系列的变动，是我国建筑教育中的重大革新。其中一些课程的设置也是很有远见的，它至今对建筑教育的发展方向仍有参考价值。那个教学计划执行到1952年开始全面学习苏联时停止。

赖德霖总结梁思成的教育思想时说："梁思成的建筑教育思想是他建筑思想的一部分，集中体现了他对建筑学科研究对象的全面认识，也反映了他作为一个杰出的建筑家对学科发展方向的敏锐把握。这是他作为教育家的成功之处，也使他的建筑思想明显超越于大多数的同辈建筑家。在相距近半个世纪的今天，这些思想仍不失其活力。""梁思成的建筑教育思想也是中国近现代建筑思想的一部分，代表了近代中国建筑家对现代主义认识的一个高度，同时也表现出早期受学院派教育的中国建筑家在接受现代主义思想时的取舍与选择，这一点，也是非常值得深思的。"

国徽和人民英雄纪念碑

1949年10月中华人民共和国成立，多么惊心动魄、天翻地覆的变化，使一切善良的人们以为可以在一夜之间就"换了人间"。仿佛旧中国的一切污泥浊水、腐化、堕落、贪污浪费、官僚主义、专制独裁，一切一切都随着国民党一起被赶走了。那时候人们对这场"社会主义改造"还丝毫没有认识，更没有想到在和平建设中人们付出的牺牲并不亚于战争年代。

1949年梁思成被聘为全国政协的特邀代表。全国政协向全国及海外侨胞征集国旗国徽的图案及国歌词谱，他被聘为国徽评选委员会顾问。在他领导下，成立了清华大学营建系的国徽设计小组。在讨论国徽设计方案时他发表了如下意见：

（1）国徽不是一张图画，更不能像风景画。长城也好，天安门也好，中国人能画，外国人也能画。国徽主要是表示民族的传统精神，所以我们的任务是要以国旗为主体，国旗下方有天安门，但不要成为天安门的风景画，若如此则失去了国徽的意义。用天安门图案必须把它程式化，而绝不是风景画。

（2）国徽不能像商标，国徽与国旗不同，国旗是什么地方都可以挂的，但国徽主要是驻国外的大使馆悬挂，绝不能让它成为商标，有轻率之感。

（3）欧洲十七八世纪的画家开始用花花带子，有飘飘然之感，但国徽必须是庄严的，最好避免用飘带，颜色也不宜太热闹庸俗，否则没有庄严感。

（4）要考虑到制作，太复杂的图案在雕塑上不容易处理，过多的颜色大量制作时技术上也存在困难，十几种乃至几十种颜色无法保证它制作时每次都绝对的相同。

经过讨论他们决定放弃用多种色彩绘制图案，转而采用我国人民千百年来传统喜爱的金红两色。这是我国自古以来象征吉祥喜庆的颜色，用于国徽，不仅富丽堂皇、庄严美丽，而且醒目大方，具有鲜明的民族特色。全国政协通过了梁思成等人设计的国徽方案。

1949年9月30日，全国政协一致通过建造人民英雄纪念碑的提案，并通过了碑文，对于纪念碑的设计梁思成同样强调要有民族特色。在1951年他写给彭真市长的信中，就以他对建筑工程和美学的认识作了详尽的阐述。这是一篇极精湛的设计理论短文①。1952年人民英雄纪念碑兴建委员会成立，彭真任主任，梁思成、郑振铎为副主任，梁思成兼建筑组组长。现在的人民英雄纪念碑就是依据梁思成的方案建造的。

不被认可的梁陈方案

20世纪20年代当梁思成尚在欧美学习游历时就注意到欧美各大城市由于资本主义的盲目发展，造成城市惊人的拥挤、环境污染、城市区域紊乱、交通阻塞、贫民窟滋生种种弊病。他认为当前正是我们国家由农业国走向工业化之时。他提醒大家，"今日欧美无数市镇因在工业化过程中任其自由发展，所形成的紊乱与丑恶的形体，正是我们的前车之鉴。"

1949年5月，梁思成被任命为北平都市计划委员会副主任。他认为北京作为新中国的首都，应当是全国的神经中枢，是政治中心、文化中心。首先要解决的是中央人民政府行政区的位置，作为现代的政府机构已不是封建帝王的三省六部时代。现代的政府是一个组织繁复，各种工作有分合联系的现代机构。这些机构总起来约需要六至十几平方公里的面积。这样庞大的机构没有中心布局显然是不适当的，而市内已没有足够的空地。北京的居民所应有的园林绿化游憩面积已经太少。如果再将中央政府的机构分散错杂在全城，将不合时代要求。

北京是一个极年老的旧城，却又是一个极年轻的新城。北京曾经是显示封建帝王威严的所在，又曾经没落到只能引起无限"思古幽情"的城苑，而现在它正生气勃勃地迎接社会主义曙光。我们怎样保护北京固有的风貌才不致使它受到不可补偿的损失，才能完成历史赋予它的新中国首都的使命？这是梁思成在1949年至1953年为之奔走的课题。

梁思成认为在规划改建旧城的时候，历史形成的城市基础，是决定城市面貌的重要因素之一。历史形成的城市基础，从平面上说是街道和广场网，从立体上说就是城市里对于城市面貌起决定性作用的旧有建筑——即富有历史和艺术价值的古建筑，应尽量保存下来，把它们有机地组织到城市规划里去。这样

① 梁思成1951年致彭真信请参阅《梁思成全集》第五卷，或《梁思成林徽因与我》第195页，林洙著，清华大学出版社出版。

既丰富了城市的生活，也保存了古城的风貌。

他强调北京的历史价值说，北京城的"历史文物建筑"无疑比中国乃至全世界任何一个城市都多。它的整体城市格式和散布在全城大量的文物建筑群就是北京的历史艺术价值的体现。它们是构成北京城市格式整体的一部分，不可分离的一部分。它完整地体现了封建社会的政治、经济、文化和思想，是一个封建社会的大陈列馆。他认为北京是历史名城，对北京的建设要以"古今兼顾、新旧两利"为原则。

他对北京的规划思想，是对北京整体环境的保护。可以说他是最早用整体的眼光，从城市规划的角度去认识和分析北京古城的历史文化价值和感情价值的特点的学者。

他与陈占祥共同拟了一个《关于中央人民政府行政中心区位置的建议》（这个建议反映了梁思成对北京总体规划的设想）。建议将中央行政中心设在月坛以西公主坟以东的位置。

但是这个方案没有被最高领导赏识，也受到了苏联专家的反对。

建国初期梁思成与北京市领导人争论得最激烈的问题，就是如何保护北京市的古建筑，尤其是对北京城墙城楼废存问题的争论。并且不断地向北京市的有关领导人说："我们将来认识越提高，就越知道古代文物的宝贵，在这一点上，我要对你进行长期的说服。""五十年后，有人会后悔的。"

1953年北京市委成立了一个规划小组，由市委领导同志直接主持工作，地点设在动物园畅观楼。1955年北京市都市规划委员会成立，原北京都市计划委员会撤消。梁思成虽然一直在都市规划委员会挂个名，实际上他不再具体过问北京市总体规划的工作。

梁思成常常对学生们说："古建筑绝对是宝，而且越往后越能体会它的宝贵。但是怎样来保护它们，就得在城市的总体规划中把它有机地结合起来，不能撞到谁，就把谁推倒，这是绝对不行的。古建筑是这样，对城市也是一样，对北京这样的文化古城，这样来用它是不行的，将来会有问题的。城市是一门科学，它像人体一样有经络、脉搏、肌理，如果你不科学地对待它，它会生病的。北京城作为一个现代化的首都，它还没有长大，所以它还不会得心脏病、动脉硬化、高血压等病，它现在只会得些孩子得的伤风感冒。可是世界上很多城市都长大了，我们不应该走别人走错的路，现在没有人相信城市规划是一门科学，但是一些发达国家的经验是有案可查的。早晚有一天，你们会看到北京的交通、工业污染、人口等等会有很大的问题。我至今不认为我当初对北京规划的方案是错的（指《关于中央人民政府中心区位置的建议》）。只是在细部上还存在很多有待深入解决的问题。"

梁思成之所以能这样坚持古建保护的意见，并非像某些人所认为的"怀古"和"复古"。而是因为他在20世纪30年代就走向了文物建筑保护的科学理论。在他的第一篇古建调查报告中就提出了古建保护法的几点重要意见：

第一，他认为，"保护之法，首须引起社会注意，使知建筑在文化上之价值，……是为保护之治本办法。"古建筑保护要靠人民的认识。

第二，他认为，"古建保护法，尤须从速制定，颁布，施行……古建保护要立法，政府应当切实负起保护古建的责任来。"

第三，主持古建修葺及保护的，"尤须有专门知识，在美术、历史、工程各方面皆精通博学，方可胜任"，即古建保护工作要有训练有素的专家参与或主持。

梁思成说的这三条：宣传、立法、专家负责，在世界各国都是作为文物建筑保护的基本工作来做的。他的这些观点是1964年通过的世界文物建筑保护的权威性规范《威尼斯宪章》的基本思想，现在已被国际文物保护界广泛接受。

梁思成之所以能在20世纪30年代就走向了文物建筑保护的科学理论，是因为他眼界开阔，很熟悉当时世界的学术潮流。在1930年关于蓟县独乐寺的文章里，他提到了意大利教育部关于"复原"问题的争论，知道日本的有关理论和政府的工作情况。在1948年的文章里，他提到了意大利、英、美、法、苏、德、比、瑞典、丹麦、挪威等许多国家。人如果眼界宽，知识就丰富，思想就活跃。没有国际交流，任何一个国家在任何一个领域里都不可能赶上世界前进的步伐。梁思成正是用世界的先进思想武装了自己，成为中国古建筑保护的先驱的。

梁思成在古建保护方面不仅是理论上的贡献，他还先后两次编定了《战区文物保存委员会文物建筑目录》及《全国重要建筑文物简目》，在目录中详细列出需要保护的文物建筑。值得注意的是在1945年的目录中列出了上海徐家汇天主教堂。

直到20世纪80年代我国才在国家文物局及建设部联合举办的会议上提出了保护近现代优秀建筑的决定。而梁思成早于20世纪40年代就将徐家汇天主教堂列入了保护名单。他是我国第一个重视保护近现代建筑的学者。

批　判

梁思成始终坚定地认为建筑是民族文化的结晶，是民族文化的象征。因此他认为，在中国人民面前摆着一个重大的任务，那就是怎样创造中国的"民族形式"的新建筑。1951年至1954年他发表了一系列文章来宣传苏联的经验——"民族形式"的理论。

但建国前的大多数大学的建筑教育基本放弃了中国传统建筑的教学，几乎完全模仿欧美的建筑体系。而且多少年来由于民生凋敝，根本没有盖过多少房子，从而也就不可能有机会在现代建筑中去探索民族风格，从中取得成功的经验。因而20世纪50年代初，当建筑活动在全国范围内迅速而大量出现，经过正规训练的建筑师严重不足，设计任务又十分紧迫的情况下，在学习苏联"民族形式"、"先进经验"的号召下，建筑师们一时纷纷模仿中国传统宫殿式建筑来设计新的建筑，这是难以避免的事。尽管梁思成曾强调"要尽量吸收新的东西来丰富我们的原有基础"，不要"抄袭"和"模仿"，但是由于当时没有也不可能有正面的成功模式可供大家借鉴，建筑师们包括梁思成自己都还处在一种探索的起始阶段，从而导致仿古建筑，即所谓的"大屋顶"风行一时，遍布全国。

梁思成对这许许多多的仿古作品并不满意，但他认为"我们的新建筑还在创造和摸索的过程中……所以要马上就理解得很好，做出高水平的作品是很难的，乃至是不可能的。只要设计者在他的作品中表现出他的努力或愿望……""这种努力是中国精神的抬头，实有无穷意义"。因此他还是肯定了这种探索精神，他深信，"几年之后"，"我的真理将要胜利"。

梁思成为什么会这么执著地坚持建筑的民族风格？这是与我国近百年的历史分不开的。20世纪30年代初，正是西方现代主义建筑传入中国之时，也是中国内忧外患最为深重之时，"统一"与"救亡"成为这时期思想领域的两大倾向。这种倾向强调"国家至上"、"民族至上"。在建筑中强调中国固有的民族风格，"以西洋物质文明发扬我国固有文艺之真精神"，"融合东西建筑之特长，以发扬吾国建筑物之固有色彩"，也成为此时建筑界人士孜孜以求的理想和目标，这也是梁思成追求的目标。

1955年2月建筑工程部召开了"设计及施工工作会议"。各报陆续揭发了近几年来基本建设中的浪费情况和设计中导致浪费严重的"复古主义"、"形式主义"的偏向。与此同时，在全国范围内开始了对"以梁思成为代表的资产阶级唯美主义的复古主义建筑思想"的批判，还在颐和园畅观堂成立了一个批判梁思成的写作班子。参加的人有各部局，有北京市委宣传部部长等。批判组共写了一百多篇批判文章，连清样都打好了。北京市委开了好多次讨论会，周扬同志也参加了。周扬同志有很深的美学造诣，他说："马列主义最薄弱的环节是美学部分，中国对马列主义美学的研究更少，你们写了这些文章连我这个外行都说不服，怎么能说服这样一个老专家呢？关于民族形式，原来有的东西就有民族形式的问题，原来没有的就没有民族形式的问题。建筑在我们国家发展了几千年，当然有民族形式的问题。建筑肯定是有民族形式的问题，批判的文章，我的意见还是不要发表。我们只能批判浪费。"梁思成在运动之初不同意这些批判，但在他学习了"设计及施工工作会议"的文件之后，他承认建筑界的"唯美主义"、"复古主义"的设计偏向，他有一定的责任，但是他保留自己的学术观点。

对于"大屋顶"的批判，至今学术界仍存在各种不同的看法，这是一个沉重又复杂的话题，不是这篇短文所能解决的。也许现在做出结论还为时过早。当今科学技术飞速发展的信息时代，各种新技术很快就会传遍全球，建筑的民族形式是否也会随着建筑的新材料新技术的飞速发展而消失呢？但是另一方面看看天安门、人民大会堂和法国人设计的半个球扣着的大剧院，人们又会有怎样的感受呢？我想历史会做出回答。

拼命向前

梁思成虽然受到批判，但他并不气馁。经过1955年到1959年的实践，怎样在新建筑中表现我们民族的精神这一问题，又提到日程上来。在建筑创作上出现了一系列有待解决的理论问题。1959年3月建筑学会决定把总结各地重点工作经验（即十年大庆的重点工程）作为主要的内容，讨论在建筑创作上出现的各种问题，并于当年6月在上海召开"住宅建筑标准及建筑艺术问题座谈会"。由于1955年对梁思成的批判，所以全国的目光都集中在他身上。是保持沉默停止前进，还是敷衍潦草不说真话？这些他都办不到。他阐明了对传统与革新的看法，提出"新而中"的创作论点。1961年又在这一基础上写了《建筑创作中的几个问题》（在这篇文章中梁思成除了谈到建筑的艺术特性、传统与革新等问题外，还把继承遗产概括为"认识—分析—批判—继承—革新"这样一个过程）。他说："如果一定要用简单的语言表达我的建筑观，那么仍旧是我在《拙匠随笔》中说的，即建筑学是包含了社会科学与技术科学及美学的、一门多种学科互相交叉、渗透的学科。"

1961年在梁思成登桂林叠彩山时作的游戏诗，充分表达了他这时期的心情：登山一马当先，岂敢冒充少年。

只因恐怕落后，所以拼命向前。

1961年他决定将自己几十年研究《营造法式》的成果整理发表（包括注释及图解）。他开始了《营造法式注释》的写作，为了更多地将这方面的知识传授给年轻人，他还吸收了三个年轻教师组成了研究小组。该书在1966年基本完稿。因"文革"而延误出版，直到20世纪80年代才发表了上集，到2001年才在《梁思成全集》中发表了全文。

在整理《营造法式注释》的工作时他已开始准备下一步的计划：一、重写1944年完成的《中国建筑史》。二、写一本《中国雕塑史》。他于1930年曾在东北大学时讲授"中国雕塑史"这门课，但那时他还没有去过龙门、云冈等处。到了20世纪30年代至40年代他调查了大半个中国，研究了无数的雕像，去了龙门、云冈等地及四川大量的摩崖石刻，对中国的雕塑艺术作了系统的研究。并有了他自己独到的见解，所以他在美国的讲座会那么成功。因此他在1947年回国时就曾对他的挚友陈植说准备写一本《中国雕塑史》。可惜，这个愿望始终未能实现。三、运用唯物主义辩证法的观点写一本有关建筑理论方面的书。他说大文章一时写不出来，也不知从何下手，准备从一个一个小问题来写，最后串成全书。《拙匠随笔》就是这个计划的产物。1961年已经在《人民日报》上陆续发表了5篇，受到了广泛的欢迎。周恩来总理也曾对他说：听说你最近写了几篇好文章。除已发表的外，他还准备写以下的内容：

怎样研究建筑史

欲神似必先形似——欲革新必先学习

考古学与建筑史的关系

形式与内容

营造法式与工程做法

独善其身与兼善天下

标准构件与装配式建筑

小处着手

建筑中的真与假

建筑中的"省"

虚假装饰建筑的阶级性

锦上添花与画蛇添足

西而古与中而新

1962年发表了最高指示"阶级斗争要年年讲，月月讲，日日讲"，于是《人民日报》也就不再刊载《拙匠随笔》。

1946—1947年梁思成正值45岁的壮年时期，但是他的学术水平已达到了国际领先的地位，按说他应当在学术上做出更大的贡献。他对宋《营造法式》及中国雕塑史的研究已经成熟，本应及早将它们整理成文，可悲的是1949年以后尽管给了他一大堆很高的头衔，但是过多的送往迎来，过多的社会活动，过多的思想改造运动，迫使他停滞不前。等到他觉悟过来，想拼命向前之时又逢"文化大革命"，他带走了他的智慧及未完成的学术成果，造成了不可挽回的损失。如果要从梁思成本身来找原因的话，正如他在1968年说的建国后虚荣心发展了。因此为了这些可爱的头衔他也就成了"驯服工具"。如果问他一生中最痛苦的是什么？不是那些污辱、鞭打与谩骂，而是在他生命的最后一刻，他没有完全按照自己毕生的做人原则说出真话。

纵观梁思成的一生，他为祖国献出了毕生的精力、智慧和才华。虽然他没有扛起枪干革命、去杀敌人，但他仍不失为一个高尚的人、无私的人。如果说1962年我同思成结婚后，由于我们在年龄、学识和生活经历上的差异，许多人不理解也不赞成我们的婚姻，如果说在巨大的社会舆论压力下我多少感到过惶惑的话，那么，几年的共同生活已使我更了解他，更认识他的价值。我庆幸自己当年的决定，并感谢上苍为我安排了这样一个角色。我在那惊慌恐怖的日子里，感受到幸福与骄傲、安慰与宁静。

第一部分

　　建筑是人类一切造型创造中最庞大、最复杂，也最耐久的一类，所以它代表的民族思想和艺术，更显著、更多面，也更重要。

建筑是什么

在讲为什么我们要保存过去时代里所创造的一些建筑物之前，先要明了：建筑是什么？

最简单地说，建筑就是人类盖的房子，为了解决他们生活上"住"的问题。那就是：解决他们安全食宿的地方、生产工作的地方和娱乐休息的地方。"衣、食、住"自古是相提并论的，因为它们都是人类生活最基本的需要。为了这需要，人类才不断和自然作斗争。自古以来，为了安定的起居，为了便利的生产，在劳动创造中人们就也创造了房子。在文化高度发展的时代，要进行大规模的经济建设和文化建设，或加强国防，我们仍然都要先建筑很多为那些建设使用的房屋，然后才能进行其他工作。我们今天称它为"基本建设"，这个名称就恰当地表示房屋的性质是一切建设的最基本的部分。

人类在劳动中不断创造新的经验，新的成果，由文明曙光时代开始在建筑方面的努力和其他生产的技术的发展总是平行并进的，和互相影响的。人们积累了数千年建造的经验，不断地在实践中把建筑的技能和艺术提高，例如：了解木材的性能，泥土沙石在化学方面的变化，在思想方面的丰富，和对造型艺术方面的熟练，因而形成一种最高度综合性的创造。古文献记载："上古穴居野处，后世圣人易之以宫室，上栋下宇以避风雨。"从穴居到木构的建筑就是经过长期的努力，增加了经验，丰富了知识而来。所以：

（1）建筑是人类在生产活动中克服自然，改变自然的斗争的记录。这个建筑活动就必定包括人类掌握自然规律，发展自然科学的过程。在建造各种类型的房屋的实践中，人类认识了各种木材、石头、泥沙的性能，那就是这些材料在一定的结构情形下的物理规律，这样就掌握了最原始的材料力学。知道在什么位置上使用多大或多小的材料，怎样去处理它们间的互相联系，就掌握了最简单的土木工程学。其次，人们又发现了某一些天然材料——特别是泥土与石沙等——在一定的条件下的化学规律。如经过水搅、火烧等，因此很早就发明了最基本的人工的建筑材料，如砖，如石灰，如灰浆等。发展到了近代，便包括了今天的玻璃、五金、洋灰、钢筋和人造木等等，发展了化工的建筑材料工业。所以建筑工程学也就是自然科学的一个部门。

（2）建筑又是艺术创造。人类对他们所使用的生产工具、衣服、器皿、武器等，从石器时代的遗物中我们就可看出，在这些实用器物的实用要求之外，总要有某种加工，以满足美的要求，也就是文化的要求，在住屋也是一样。从古至今，人类在住屋上总是或多或少地下过工夫，以求造型上的美观。例如：自有史以来无数的民族，在不同的地方，不同的时代，同时在建筑艺术上，是继续不断地各自努力，从没有停止过的。

（3）建筑活动也反映当时的社会生活和当时的政治经济制度。如宫殿、庙宇、民居、仓库、城墙、堡垒、作坊、农舍，有的是直接为生产服务，有的是被统治阶级利用以巩固政权，有的被他们独占享受。如古代的奴隶主可以奴役数万人为他建筑高大的建筑物，以显示他的威权，坚固的防御建筑，以保护他的财产，古代的高坛、大台、陵墓都属于这种性质。在早期封建社会时代，如：吴王夫差"高其台榭以鸣得意"，或晋平公"铜辊之宫数里"，汉初刘邦做了皇帝，萧何营未央宫，就明明白白地说："天子以四海为家，非令壮丽无以重威"，从这些例子就可以反映出当时的封建霸主剥削人民的财富，奴役人民的劳力，以增加他的威风的情形。在封建时代建筑的精华是集中在宫殿建筑和宗教建筑等等上，它是为统治阶级所利用以作为压迫人民的工具的；而在新民主主义和社会主义的人民政权时代，建筑就是为维护广大人民群众的利益和美好的生活而服务了。

（4）不同的民族的衣食、工具、器物、家具，都有不同的民族性格或民族特征。数千年来，每一民族，每一时代，在一定的自然环境和社会环境中，积累了世代的经验，都创造出自己的形式，各有其特征，建筑也是一样的。在器物等方面，人们在科学方面采用了他们当时当地认为最方便最合用的材料，根据他们所能掌握的方法加以合理的处理成为习惯的手法，同时又在艺术方面加工做出他们认为最美观的纹样、体形和颜色，因而形成了普遍于一个地区一个民族的典型的范例。就成了那民族在工艺上的特征，成为那民族的民族形式。建筑也是一样。每个民族虽然在各个不同的时代里，所创造出的器物和建筑都不一样，但在同一个民族里，每个时代的特征总是一部分继续着前个时代的特征，另一部分发展着新生的方向，虽有变化而总是继承许多传统的特质，所以无论是哪一种工艺，包括建筑，不论属于什么时代，总是有它的一贯的民族精神的。

（5）建筑是人类一切造型创造中最庞大、最复杂，也最耐久的一类，所以它所代表的民族思想和艺术，更显著、更多面，也更重要。

从体积上看，人类创造的东西没有比建筑在体积上更大的了。古代的大工程如秦始皇时所建的阿房宫，"前殿阿房，东西五百步，南北五十丈，上可以坐万人，下可以建五丈旗。"记载数字虽不完全可靠。体积的庞大必无可疑。又如埃及金字塔高四百八十九英尺，屹立沙漠中遥远可见。我们祖国的万里长城绵亘二千三百余公里，在地球上大约是一件最显著的东西。

从数量上说，有人的地方就必会有建筑物。人类聚居密度愈大的地方，建筑就愈多，它的类型也愈多变化，合起来就成为城市。世界上没有其他东西改变自然的面貌如建筑这么厉害。在这大数量的建筑物上所表现的历史艺术意义方面最多也就最为丰富。

从耐久性上说，建筑因是建造在土地上的，体积大，要承托很大的重量，建造起来不是易事，能将它建造起来总是付出很大的劳动力和物资财力的。所以一旦建筑成功，人们就不愿轻易移动或拆除它。因此被使用的期限总是尽可能地延长。能抵御自然侵蚀，又不受人为破坏的建筑物，便能长久地被保存下来，成为罕贵的历史文物，成为各时代劳动人民创造力量、创造技术的真实证据。

（6）从建筑上可以反映建造它的时代和地方的多方面的生活状况，政治和经济制度，在文化方面，建筑也有最高度的代表性。例如封建时期各国的巍峨的宫殿，坚强的堡垒，不同程度的资本主义社会里的拥挤的工业区和紊乱的商业街市。中国过去的半殖民地半封建时期的通商口岸，充满西式的租界街市，和半西不中的中国买办势力地区内的各种建筑，都反映着当时的经济政治情况，也是显示帝国主义文化入侵中国的最真切的证据。

以上六点，不但说明建筑是什么，同时也说明了它是各民族文化的一种重要的代表。从考古方面考虑各时代建筑这个问题时，实物得到保存，就是各时代所产生过的文化证据之得到保存。

为什么研究中国建筑

研究中国建筑可以说是逆时代的工作。近年来中国生活在剧烈的变化中趋向西化，社会对于中国固有的建筑及其附艺多加以普遍的摧残。虽然对于新输入之西方工艺的鉴别还没有标准，对于本国的旧工艺已怀鄙弃厌恶心理。自"西式楼房"盛行于通商大埠以来，豪富商贾及中产之家无不深爱新异。以中国原有建筑为陈腐。他们虽不是蓄意将中国建筑完全毁灭，而在事实上，国内原有很精美的建筑物多被拙劣幼稚的，所谓西式楼房，或门面，取而代之。主要城市今日已拆改逾半，芜杂可哂，充满非艺术之建筑。纯中国式之秀美或壮伟的旧市容，或破坏无遗，或仅余大略，市民毫不觉可惜。雄峙已数百年的古建筑（Historical landmark），充沛艺术特殊趣味的街市（Local color），为一民族文化之显著表现者，亦常在"改善"的旗帜之下完全牺牲。近如去年甘肃某县为扩宽街道，"整顿"市容，本不需拆除无数刻工精美的特殊市屋门楼，而负责者竟悉数加以摧毁，便是一例。这与在战争炮火下被毁者同样令人伤心，国人多熟视无睹。盖这种破坏，三十余年来已成为习惯也。

市政上的发展，建筑物之新陈代谢本是不可免的事。但即在抗战之前。中国旧有建筑荒顿破坏之范围及速率，亦有甚于正常的趋势。这现象有三个明显的原因：一、在经济力量之凋散，许多寺观衙署，已归官有者，地方任其自然倾圮，无力保护；二、在艺术标准之一时失掉指南，公私宅第园馆街楼，自西艺浸入后忽被轻视，拆毁剧烈；三、缺乏视建筑为文物遗产之认识，官民均少爱护旧建的热心。

在此时期中，也许没有力量能及时阻挡这破坏旧建的狂潮。在新建设方面，艺术的进步也还有培养知识及技术的时间问题。一切时代趋势是历史因果，似乎含着不可免的因素。幸而同在这时代中，我国也产生了民族文化的自觉，搜集实物，考证过往，已是现代的治学精神，在传统的血流中另求新的发展，也成为今日应有的努力。中国建筑既是延续了两千余年的一种工程技术，本身已造成一个艺术系统，许多建筑物便是我们文化的表现，艺术的大宗遗产。除非我们不知尊重这古国灿烂文化，如果有复兴国家民族的决心，对我国历代文物加以认真整理及保护时，我们便不能忽略中国建筑的研究。

以客观的学术调查与研究唤醒社会，助长保存趋势，即使破坏不能完全制止，亦可逐渐减杀。这工作即使为逆时代的力量，它却与在大火之中抢救宝器名画同样有急不容缓的性质。这是珍护我国可贵文物的一种神圣义务。

中国金石书画素得士大夫之重视。各朝代对它们的爱护欣赏，并不在于文章诗词之下，实为吾国文化精神悠久不断之原因。独是建筑，数千年来，完全在技工匠师之手。其艺术表现大多数是不自觉的师承及演变之结果。这个同欧洲文艺复兴以前的建筑情形相似。这些无名匠师，虽在实物上为世界留下许多伟大奇迹，在理论上却未为自己或其创造留下解析或夸耀。因此一个时代过去，另一时代继起，多因主观上失掉兴趣，便将前代伟创加以摧毁，或同于摧毁之改造。亦因此，我国各代素无客观鉴赏前人建筑的习惯。在隋唐建设之际，没有对秦汉旧物加以重视或保护。北宋之对唐建，明清之对宋元遗构，亦并未知爱惜。重修古建，均以本时代手法，擅易其形式内容，不为古物原来面目着想。寺观均在名义上，保留其创始时代，其中殿宇实物，则多任意改观。这倾向与书画仿古之风大不相同，实足注意。自清末以后突来西式建筑之风，不但古物寿命更无保障，连整个城市都受打击了。

如果世界上艺术精华没有客观价值标准来保护，恐怕十之八九均会被后人在权势易主之时，或趣味改向之时，毁损无余。在欧美，古建实行的保存是比较晚近的进步。19世纪以前，古代艺术的破坏，也是常事。幸存的多赖偶然的命运或工料之坚固。19世纪中，艺术考古之风大炽，对任何时代及民族的艺术才有客观价值的研讨。保存古物之觉悟即由此而生。即如此次大战，盟国前线部队多附有专家，随军担任保护沦陷区或敌国古建筑之责。我国现时尚在毁弃旧物动态中，自然还未到他们冷静回顾的阶段。保护国内建筑及其附艺，如雕刻壁画均须萌芽于社会人士客观的鉴赏，所以艺术研究是必不可少的。

今日中国保存古建之外，更重要的还有将来复兴建筑的创造问题。欣赏鉴别以往的艺术，与发展将来创造之间，关系若何我们尤不宜忽视。

西洋各国在文艺复兴以后，对于建筑早已超出中古匠人不自觉的创造阶段。他们研究建筑历史及理论，作为建筑艺术的基础。各国创立实地调查学院，他们颁发研究建筑的旅行奖金，他们有美术馆博物院的设备，又保护历史性的建筑物任人参观，派专家负责整理修葺。所以西洋近代建筑创造，同他们其他艺术，如雕刻、绘画、音乐，或文学，并无二致，都是合理解与经验，而加以新的理想，作新的表现的。

我国今后新表现的趋势又若何呢？

艺术创造不能完全脱离以往的传统基础而独立。这在注重画学的中国应该用不着解释。能发挥新创都是受过传统熏陶的。即使突然接受一种崭新的形式，根据外来思想的影响，也仍然能表现本国精神。如南北朝的佛教雕刻，或唐宋的寺塔，都起源于印度，非中国本有的观念，但结果仍以中国风格造成成熟的中国特有艺术，驰名世界。艺术的进境是基于丰富的遗产上，今后的中国建筑自亦不能例外。

无疑的将来中国将大量采用西洋现代建筑材料与技术。如何发扬光大我民族建筑技艺之特点，在以往都是无名匠师不自觉的贡献，今后却要成近代建筑师的责任了。如何接受新科学的材料方法而仍能表现中国特有的作风及意义，老树上发出新枝，则真是问题了。

欧美建筑以前有"古典"及"派别"的约束，现在因科学结构，又成新的姿态，但它们都是西洋系统的嫡裔。这种种建筑同各国多数城市环境毫不抵触。大量移植到中国来，在旧式城市中本来是过分唐突，今后又是否让其喧宾夺主，使所有中国城市都不留旧观？这问题可以设法解决，亦可以逃避。到现在为止，中国城市多在无知匠人手中改观。故一向的趋势是不顾历史及艺术的价值，舍去固有风格及固有建筑，成了不中不西乃至于滑稽的局面。

一个东方老国的城市，在建筑上，如果完全失掉自己的艺术特性，在文化表现及观瞻方面都是大可痛心的。因这事实明显地代表着我们文化衰落，至于消灭的现象。四十年来，几个通商大埠，如上海、天津、广州、汉口等，曾不断地模仿欧美次等商业城市，实在是反映着外国人经济侵略时期。大部分建设本是属于租界里外国人的，中国市民只随声附和而已。这种建筑当然不含有丝毫中国复兴精神之迹象。

今后为适应科学动向，我们在建筑上虽仍同样地必须采用西洋方法，但一切为自觉的建设。由有学识、有专门技术的建筑师担任指导，则在科学结构上有若干属于艺术范围的处置必有一种特殊的表现。为着中国精神的复兴，他们会作美感同智力参合的努力。这种创造的火炬曾在抗战前燃起，所谓"宫殿式"新建筑就是一例。

但因为最近建筑工程的进步，在最清醒的建筑理论立场上看来，"宫殿式"的结构已不合于近代科学及艺术的理想。"宫殿式"的产生是由于欣赏中国建筑的外貌。建筑师想保留壮丽的琉璃屋瓦，更以新材料及技术将中国大殿轮廓约略模仿出来。在形式上它模仿清代宫衙，在结构及平面上它又仿西洋古典派的普通组织。在细项上窗子的比例多半属于西洋系统，大门栏杆又多模仿国粹。它是东西制度勉强的凑合，这两制度又大都属于过去的时代。它最像欧美所曾盛行的"仿古"建筑（Period architecture）。因为糜费侈大，它不常适用于中国一般经济情形，所以也不能普遍。有一些"宫殿式"的尝试，在艺术上的失败可拿文章作比喻。它们犯的是堆砌文字，抄袭章句，整篇结构不出于自然，辞藻也欠雅驯。但这种努力是中国精神的抬头，实有无穷意义。

世界建筑工程对于钢铁及化学材料之结构愈有彻底的了解，近来应用愈趋简洁。形式为部署逻辑，部署又为实际问题最美最善的答案，已为建筑艺术的抽象理想。今后我们自不能同这理想背道而驰。我们还要进一步重新检讨过去建筑结构上的逻辑；如同致力于新文学的人还要明了文言的结构文法一样。表现中国精神的途径尚有许多，"宫殿式"只是其中之一而已。

要能提炼旧建筑中所包含的中国质素，我们需增加对旧建筑结构系统及平面部署的认识。构架的纵横承托或联络，常是有机的组织，附带着才是轮廓的钝锐，彩画雕饰，及门窗细项的分配诸点。这些工程上及美术上的措施常表现着中国的智慧及美感，值得我们研究。许多平面部署，大的到一城一市，小的到一宅一园，都是我们生活思想的答案，值得我们重新剖视。我们有传统习惯和趣味：家庭组织，生活程度，工作，游息，以及烹饪，缝纫，室内的书画陈设，室外的庭院花木，都不与西人相同。这一切表现的总表现曾是我们的建筑。现在我们不必削足适履，将生活来将就欧美的部署，或张冠李戴，颠倒欧美建筑的作用。我们要创造适合于自己的建筑。

在城市街心如能保存占老堂皇的楼宇，夹道的树阴，衙署的前庭，或优美的牌坊，比较用洋灰建造卑小简陋的外国式喷水池或纪念碑实在合乎中国的身份，壮美得多。且那些仿制的洋式点缀，同欧美大理石富于"雕刻美"的市中心建置相较起来，太像东施效颦，有伤尊严。因为一切有传统的精神，欧美街心伟大石造的纪念性雕刻物是由希腊而罗马而文艺复兴延续下来的血统，魄力极为雄厚，造诣极高，不是我们一朝一夕所能望其项背的。我们的建筑师在这方面所需要的是参考我们自己艺术藏库中的遗宝。我们应该研究汉阙，南北朝的石刻，唐宋的经幢，明清的牌楼，以及零星碑亭，泮池，影壁，石桥，华表的部署及雕刻，加以聪明的应用。

艺术研究可以培养美感，用此驾驭材料，不论是木材，石块，化学混合物，或钢铁，都同样的可能创造有特殊富于风格趣味的建筑。世界各国在最新法结构原则下造成所谓"国际式"建筑；但每个国家民族仍有不同的表现。英、美、苏、法、荷、比、北欧或日本都曾造成他们本国特殊作风，适宜于他们个别的环境及意趣。以我国艺术背景的丰富，当然有更多可以发展的方面。新中国建筑及城市设计不但可能产生，且当有惊人的成绩。

在这样的期待中，我们所应做的准备当然是尽量搜集及整理值得参考的资料。

以测量绘图摄影各法将各种典型建筑实物做有系统秩序的记录是必须速做

的。因为古物的命运在危险中，调查同破坏力量正好像在竞赛。多多采访实例，一方面可以做学术的研究，一方面也可以促社会保护。研究中还有一步不可少的工作，便是明了传统营造技术上的法则。这好比是在欣赏一国的文学之前，先学会那一国的文学及其文法结构一样需要。所以中国现存仅有的几部术书，如宋代李诫的《营造法式》，清代的《工部工程做法则例》，乃至坊间通行的《鲁班经》等等，都必须有人能明晰地用现代图解译释内中工程的要素及名称，给许多研究者以方便。研究实物的主要目的则是分析及比较冷静地探讨其工程艺术的价值，与历代作风手法的演变。知己知彼，温故知新，已有科学技术的建筑师增加了本国的学识及趣味，他们的创造力量自然会在不自觉中雄厚起来。这便是研究中国建筑的最大意义。

建筑的民族形式①

在近一百年以来，自从鸦片战争以来，自从所谓"欧化东渐"以来，更准确一点地说，自从帝国主义侵略中国以来，在整个中国的政治、经济、文化中，带来了一场大改变，一场大混乱。这个时期整整延续了一百零九年。在1949年10月1日中国的人民已向全世界宣告了这个时期的结束。另一个崭新的时代已经开始了。

过去这一百零九年的时期是什么时期呢？就是中国的半殖民地时期。这时期中国的政治经济情形是大家熟悉的，我不必在此讨论。我们所要讨论的是这个时期文化方面，尤其是艺术方面的表现。而在艺术方面我们的重点就是我们的本行方面、建筑方面。我们要检讨分析建筑艺术在这时期中的发展，如何结束，然后看：我们这新的时代的建筑应如何开始。

在中国五千年的历史中，我们这时代是一个第一伟大的时代，第一重要的时代。这不是一个改朝换代的时代，而是一个彻底革命，在政治经济制度上彻底改变的时代。我们这一代是中国历史中最荣幸的一代，也是所负历史的任务最重大的一代。在创造一个新中国的努力中，我们这一代的每一个人都负有极大的任务。

在这创造新中国的任务中，我们在座的同仁的任务自然是创造我们的新建筑。这是一个极难的问题。老实说，我们全国的营建工作者恐怕没有一个人知

① 本文系作者1950年1月22日在营建学研究会上的讲话稿。据手稿整理，未曾发表。——左川注

道怎样去做，所以今天提出这个问题，同大家检讨一下，同大家一同努力寻找一条途径，寻找一条创造我们建筑的民族形式的途径。

我们要创造建筑的民族形式，或是要寻找创造建筑的民族形式的途径，我们先要了解什么是建筑的民族形式。

大家在读建筑史的时候，常听的一句话是"建筑是历史的反映"，即每一座建筑物都忠实地表现了它的时代与地方。这句话怎么解释呢？就是当时彼地的人民会按他们生活中物质及意识的需要，运用他们原来的建筑技术，利用他们周围一切的条件，去取得选择材料来完成他们所需要的各种的建筑物。所以结果总是把当时彼地的社会背景和人们所遵循的思想体系经由物质的创造赤裸裸地表现出来。

我们研究建筑史的时候，我们对于某一个时代的作风的注意不单是注意它材料结构和外表形体的结合，而且是同时通过它见到当时彼地的生活情形、劳动技巧和经济实力思想内容的结合。欣赏它们在渗合上的成功或看出它们的矛盾所产生的现象。

所谓建筑风格，或是建筑的时代的、地方的或民族的形式，就是建筑的整个表现。它不只是雕饰的问题，而更基本的是平面部署和结构方法的问题。这三个问题是互相牵制着的。所以寻找民族形式的途径，要从基本的平面部署和结构方法上去寻找。而平面部署及结构方法之产生则是当时彼地的社会情形之下的生活需要和技术所决定的。

依照这个理论，让我们先看看古代的几种重要形式。

首先，我们先看一个没有久远的文化传统例子——希腊。在希腊建筑形成了它特有的风格或形式以前，整个地中海的东半已有了极发达的商业交流以及文化交流。所以在这个时期的艺术中，有许多"国际性"的特征和母题。在Crete岛上有一种常见的"圆窠"花，与埃及所见的完全相同。埃及和亚述的"凤尾草"花纹是极其相似的。

当希腊人由北方不明的地区来到希腊之后，他们吸收了原有的原始民族及其艺术，费了相当长的时间把自己巩固起来。Doric order就是这个巩固时期的最忠实的表现。关于它的来源，推测的论说很多，不过我敢大胆地说它是许

多不同的文化交流的产品，在埃及Beni—Hasan的崖墓和爱琴建筑中我们都可以追溯到一些线索。它是原始民族的文化与别处文化的混血儿。但是它立刻形成了希腊的主要形式。在希腊早期，就是巩固时期，它是唯一的形式。等到希腊民族在希腊半岛上渐渐巩固起来之后，才渐渐放胆与远方来往。这时期的表现就是Ionic和Corinthian order之出现与使用，这两者都是由地中海东岸传入希腊的。当时的希腊人毫不客气地东拉西扯地借取别的文化果实。并且由他们本来的木构形式改成石造。他们并没有创造自己民族艺术的意思，但因为他们善于运用自己的智慧和技能，使它适合于自己的需要，使它更善更美，他们就创造了他们的民族形式。这民族形式不只是表现在立面上。假使你看一张希腊建筑平面图，它的民族特征是同样的显著而不会被人错认的。

其次，我们可以看一个接受了已有文化传统的建筑形式——罗马。罗马人在很早的时期已受到希腊文化的影响，并且已有了相当进步的工程技术。等到他们强大起来之后，他们就向当时艺术水平最高的希腊学习，吸收了希腊的格式，以适应于他们自己的需要。他们将希腊和Etruscan的优点联合起来，为适应他们更进一步的生活需要，以高水准的工程技术，极谨慎的平面部署，极其华丽丰富的雕饰，创造了一种前所未有的建筑形式（举例：Bath of Caracalla, Colosseum）。

我们可以再看一个历史的例子——法国的文艺复兴。在15世纪末叶，法王Charles七世，路易十二世，Frangis一世多次地侵略意大利，在军事政治上虽然失败，但是文化的收获却甚大。当时的意大利是全欧文化的中心，法国人对它异常的倾慕，所以不遗余力地去模仿。但是当时法兰西已有了一种极成熟的建筑，正是Gothic建筑"火焰纹时期"的全盛时代，他们已有了根深蒂固的艺术和技术的传统，更加以气候之不同，所以在法国文艺复兴初期，它的建筑仍然是从骨子里是本土的、民族的。大面积的窗子，陡峻的屋顶，以及他们生活所习惯的平面部署，都是法兰西气候所决定的。一直到了17世纪，法国的文复式建筑，而对于罗马古典样式已会极娴熟地应用，成熟了法国的一个强有民族性的样式，但是他们并不是故意地为发扬民族精神而那样做，而是因为他们的建筑师们能采纳吸收他们所需要的美点，以适应他们自己的条件、材料、技术和环境。

历史上民族形式的形成都不是有意创造出来的，而是经过长期的演变而形成的。其中一个主要的原因就是当时的艺术创造差不多都是不自觉的，一切都在不自觉中形成。

但是自从19世纪以来，因为史学和考古学之发达，因为民族自觉性之提高，环境逼迫着建筑师们不能如以往的"不识不知"地运用他所学得的，唯一的方法去创造。在19世纪中，考古学的智识引诱着建筑师自觉地去仿古或集古；第一次世界大战以后许多极端主义的建筑师却否定了一切传统。每一个建筑师在设计的时候，都在自觉地创造他自己的形式，这是以往所没有的现象。个人自由主义使近代的建筑成为无纪律的表现。每一座建筑物本身可能是一件很好的创作，但是事实上建筑物是不能脱离了环境而独善其身的。结果，使得每一个城市成为一个千奇百怪的假古董摊，成了一个建筑奇装跳舞会。请看近来英美建筑杂志中多少优秀的作品，都是在高高的山崖上，葱幽的密林中，或是无人的沙漠上。这充分表明了个人自由主义的建筑之失败，它经不起城市环境的考验，只好逃避现实，脱离群众，单独地去寻找自己的世外桃源。

在另一方面，资本主义的土地制度，使资本家将地皮切成小方块，一块一块地出卖，唯一的目的在利润，使得整个城市成为一张百衲被，没有秩序，没有纪律。

19世纪以来日益发达的交通，把欧美的建筑病传染到中国来了。在一个多世纪长的时间，中国人完全失掉了自信心，一切都是外国的好，养成了十足的殖民地心理。在艺术方面丧失了鉴别的能力，一切的标准都乱了。把家里的倪云林或沈石田丢掉，而挂上一张太古洋行的月份牌。建筑师们对于本国的建筑毫无认识，把在外国学会的一套罗马式、文艺复兴式硬生生地搬到中国来。这还算是好的。至于无数的店铺，将原有壮丽的铺面拆掉，改做"洋式"门面，不能取得"洋式"的精华，只抓了一把渣滓，不是在旧基础上再取得营养，而是把自己的砸了又拿不到人家的好东西。彻底地表现了殖民地的性格。这一百零九年可耻的时代，赤裸裸地在建筑上表现了出来。

在1920年前后，有几位做惯了"集仿式"（Eclecticism）的欧美建筑师，居然看中了中国建筑也有可取之处，开始用他们做各种样式的方法，来做他们所谓"中国式"的建筑。他们只看见了中国建筑的琉璃瓦顶，金碧辉煌的彩画，千变万化的窗格子。做得不好的例子就是他们盖了一座洋楼，上面戴上琉璃瓦帽子，檐下画了些彩画，窗上加了些菱花。也许脚底下加了一个汉白玉的须弥座。不伦不类，犹如一个穿西装的洋人，头戴红缨帽，胸前挂一块缡子，脚上穿一双朝靴，自己以为是一个中国人！（梁先生在左侧加注：中山陵 dentic太大　交通部垫板　有台无台　七上八下的proportion）协和医院，救世军，都是这一类的例子。燕京大学学得比较像一点，却是请你去看：有几处山墙上的窗子，竟开到柱子里去了。南京金陵大学的柱头却与斗拱完全错过。这真正是皮毛的、形式主义的建筑。中国建筑的基本特征他们丝毫也没有抓住。在南京，在上海，有许多建筑师们也卷入了这个潮流，虽然大部分是失败的，但也有几处差强人意的尝试。

现在那个时期已结束了，一个新的时代正在开始。我们从事于营建工作的人，既不能如古代的匠师们那样不自觉地做，又不能盲目地做宫殿式的仿古建筑，又不应该无条件地做洋式建筑。怎么办呢？我们惟有创造我们自己的民族形式的建筑。

我们创造的方向，在共同纲领第四十一条中已为我们指出："中华人民共和国的文化教育为新民主主义的，即民族的，科学的，大众化的文化教育。"我们的建筑就是"新民主主义的，即民族的，科学的，大众化的建筑"。这是我们的纲领，是我们的方向，我们必须使其实现。怎样地实现它就是我们的大问题。

从建筑学的观点上看，什么是民族的，科学的，大众化的？我们可以说：有民族的历史，艺术，技术的传统，用合理的，现代工程科学的设计技术与结构方法，为适应人民大众生活的需要的建筑就是民族的，科学的，大众化的建筑。这三个方面乍看似各不相干，其实是互相密切的关联，难于分划的。

在设计的程序上，我们须将这次序倒过来。我们第一步要了解什么是大众化，就是人民的需要是什么。人民的生活方式是什么样的，他们在艺术的，美感的方面的需要是什么样的。在这里我们营建工作者担负了一个重要的任务，一个繁重困难的任务。这任务之中充满了矛盾。

　　一方面我们要顺从人民的生活习惯，使他们的居住环境适合于他们的习惯。在另一方面，生活中有许多不良习惯，尤其是有碍卫生的习惯，我们不惟不应去顺从它，而且必须在设计中去纠正它。建筑虽然是生活方式的产品，但是生活方式也可能是建筑的产品。它们有互相影响的循环作用。因此，我们建筑师手里便掌握了一件强有力的工具，我们可以改变人民的生活习惯，可以将它改善，也可以助长恶习惯，或延长恶习惯。

　　但是生活习惯之中，除去属于卫生健康方面者外，大多是属于社会性的，我们难于对它下肯定的批判。举例说：一直到现在有多数人民的习惯还是大家庭，祖孙几代，兄弟姒娌几多房住在一起。它有封建意味，会养成家族式的小圈子。但是在家族中每个人的政治意识提高之后，这种小圈子便不一定是不好的。假使这一家是农民，田地都在一起，我们是应当用建筑去打破他们的家庭，抑或去适应他们的习惯？这是应该好好考虑的。又举一例：中国人的菜是炒的，必须有大火苗。若将厨房电气化，则全国人都只能吃蒸的、煮的、熬的、烤的菜，而不能吃炒菜，这是违反了全中国人的生活习惯的。我个人觉得必须去顺从它。

　　现在这种生活习惯一方面继续存在，其中一部分在改变中，有些很急剧，有些很迟缓，另有许多方面可能长久地延续下去。做营建工作者必须了解情况，用我们的工具，尽我们之可能，去适应而同时去改进人民大众的生活环境。

　　这一步工作首先就影响到设计的平面图。假使这一步不得到适当的解决，我们就无从创造我们的民族形式。

　　科学化的建筑首先就与大众化不能分离的。我们必须根据人民大众的需要，用最科学化的方法部署平面。次一步按我们所能得到的材料，用最经济，最坚固的结构方法将它建造起来。在三个方面中，这方面是一个比较单纯的技术问题。我们须努力求其最科学的，忠于结构的技术（梁先生在左侧加注：北京，山西，云南，金华，院子；space，比率；不面对街墟）。

　　在达到上述两项目的之后，我们才谈得到历史艺术和技术的传统。建筑艺术和技术的传统又是与前两项分不开的。

在平面的部署上，我们有特殊的民族传统。中国的房屋由极南至极北，由极东到极西，都是由许多座建筑物，四面围绕着一个院子而部署起来的。它最初的起源无疑地是生活的需要所形成。形成之后，它就影响到生活的习惯，成为一个传统。陈占祥先生分析中国建筑的部署；他说，每一所宅子是一个小城，每一个城市是一个大宅子。因为每一所宅子都是多数单座建筑配合组成的，四周绕以墙垣，是一个小规模的城市，而一个城市也是用同一原则组成的。这种平面部署就是我们基本民族形式之一重要成分。它是否仍适合于今日生活的需求？今日生活的需求可否用这个传统部署予以合理适当的解决？这是我们所要知道的。

其次是结构的问题。中国建筑结构之最基本特点在使用构架法。中国建筑系统之所以能适用于南北极端不同之气候，就因为这种结构法所给予它在墙壁门窗分配比例上以几乎无限制的灵活运用的自由。它影响到中国建筑的平面部署。凑巧的，现代科学所产生的R，C，及钢架建筑的特征就是这个特征。但这所用材料不同，中国旧的是木料，新的是R，C，及钢架，在这方面，我们怎样将我们的旧有特征用新的材料表现出来（梁先生在左侧加注：径的大小）。这种新的材料，和现代生活的需要，将影响到我们新建筑的层数和外表。新旧之间有基本相同之点，但在施工技术上又有极大的距离。我们将如何运用和利用这个基本相同之点，以产生我民族形式的骨干？这是我们所必须注意的。在外国人所做中国式建筑中，能把握这个要点的惟有北海北京图书馆。但是仿古的气味仍极浓厚。我们应该寻找自己恰到好处的标准。

蝻首

中国的艺术与建筑①

建　筑

　　中国古人从未把建筑当成一种艺术，但像在西方一样，建筑一直是艺术之母。正是通过作为建筑装饰，绘画与雕塑走向成熟，并被认作是独立的艺术。

　　技术与形式。中国建筑是一种土生土长的构筑系统，它在中国文明萌生时期即已出现，其后不断得到发展。它的特征性形式是立在砖石基座上的木骨架即木框架，上面有带挑檐的坡屋顶。木框架的梁与柱之间，可以筑幕墙，幕墙的唯一功能是划分内部空间及区别内外。中国建筑的墙与欧洲传统房屋中的墙不同，它不承受屋顶或上面楼层的重量，因而可随需要而设或不设。建筑设计者通过调节开敞与封闭的比例，控制光线和空气的流入量，一切全看需要及气候而定。高度的适应性使中国建筑随着中国文明的传播而扩散。

　　当中国的构筑系统演进和成熟后，像欧洲古典建筑柱式那样的规则产生出来，它们控制建筑物各部分的比例。在纪念性的建筑上，建筑规范由于采用斗拱而得到丰富。斗拱由一系列置于柱顶的托木组成，在内边它承托木梁，在外部它支撑屋檐。一攒斗拱中包括几层横向伸出的臂，叫"拱"，梯形的垫木叫"斗"。斗拱本是结构中有功能作用的部件，它承托木梁又使屋檐伸出得远一些。在演进过程中，斗拱有多种多样的形式和比例。早期的斗拱形式简单，在

① 本文为1946年梁思成赴美讲学时，应《美国大百科全书》之约所写，因为是用英文撰写的故未在国内发表。直至 2001年才首次在《梁思成全集》中与读者见面。——左川注

房屋尺寸中占的比例较大；后来斗拱变得小而复杂。因此，斗拱可作为房屋建造时代的方便的指示物。

由于框架结构使内墙变为隔断，所以中国建筑的平面布置不在于单幢房屋之内部划分，而在于多座不同房屋的布局安排，中国的住宅是由这些房屋组成的。房屋通常围绕院子安排。一所住宅可以包含数量不定的多个院子。主房大都朝南，冬季可射入最多的太阳光，在夏天阳光为挑檐所阻挡。除了因地形导致的变体，这个原则适用于所有的住宅、官府和宗教建筑物。

历史的演变。中国最古的建筑遗存是一些汉代的坟墓。墓室及墓前的门墩——阙，虽是石造的，形式却是仿木结构，高起的石雕显现着同样高超的木匠技艺。斗拱在如此早期的建筑中已具有重要作用。

在中国至今没有发现存在公元8世纪中叶以前漫长时期里所造的木构建筑。但从一些石窟寺的构造细部和它们墙上的壁画我们可以大略知晓8世纪中期以前木构建筑的外貌。山西大同附近的云冈石窟建于公元452－494年；河南河北交界处的响堂山石窟和山西太原的天龙山石窟建于公元550－618年，它们是在石崖上凿成的佛国净土，外观和内部都当做建筑物来处理，模仿当时的木构建筑。陕西西安慈恩寺大雁塔西门门楣石刻（公元701－704年）准确地显示出一座佛寺大殿。甘肃敦煌公元6世纪到11世纪的洞窟的壁画中画的佛国净土，建筑背景极其精致。这些遗迹是未留下实物的时代的建筑状况的图像记录。在这样的图像中，我们也看到斗拱的重要，并且可以从中追踪到斗拱的演变轨迹。

这些中国早期建筑特点的间接证据可从日本现存的建筑群得到支持。它们造于推古（注：公元593－626年）、飞鸟 [注：飞鸟文化指6世纪中叶（公元552年）佛教传入日本至大化改新（公元645年）一百年间的文化]、白凤 [注：白凤文化指大化改新（公元645年）至迁都奈良（公元710年）时间的文化]、天平 [注：狭义指圣武天皇统治的天平时期（公元724－748年），广义指整个奈良时代（公元710－794年）] 和弘仁（注：公元810－833年）、贞观（注：公元875－893年）时期，相当于中国的隋唐。事实上到19世纪中期，日本的建筑像镜子一样映射着中国大陆建筑不断变化着的风格。早先的日本建

筑可以正确地称之为中国殖民式建筑，而且那里有一些建筑物还真是出于大陆匠人之手。最早的是奈良附近的法隆寺建筑群，由朝鲜工匠建造，公元607年建成。奈良东大寺金堂是中国鉴真和尚（公元763年去世）于公元759年建造的。①

中国现存最早的木构建筑是山西省五台山佛光寺大殿。它单层七间，斗拱雄大，比例和设计无比的雄健庄严。大殿建于公元857年，在公元845年全国性灭法后数年。佛光寺大殿是唯一留存下来的唐代建筑，而唐代是中国艺术史上的黄金时代。寺内的雕塑、壁画饰带和书法都是当时的作品。这些唐代艺术品聚集在一起，使这座建筑物成为中国独一无二的艺术珍品。

唐朝以后的木构建筑保留的数量逐渐增多。一些很杰出的建筑物可以作为宋代和同时期的辽代与金代的代表。

河北省蓟县独乐寺观音阁建于公元984年。这是一座两层建筑，当中立着一座有十一个头的观音像。两个楼层之间又有一个暗层，实际是三层。在观音阁上，斗拱的作用发挥到极致。

太原附近晋祠的建筑群建于1025年，两座主要建筑物都是单层。但主殿为重檐。大同华严寺大殿是一座巨大的单层单檐建筑，建于1090年，是中国最大的佛教建筑物之一。许多年后的1260年，河北曲阳的北岳庙建成，它的屋顶上部构件经过大量改建，但其下部及外观整体基本未变。

对上述这些建筑物的比较研究表明，斗拱与建筑物整体的比例越来越小。另一共同特点是越往建筑物的两边柱子越高。这一细致的处理使檐口呈现为轻缓的曲线（华严寺大殿是个例外），屋脊也如此，于是建筑物外观变得柔和了。

到了明朝，精巧的处理消失。这个趋势在皇家的纪念性建筑中尤其明显。北平以北40公里的河北省昌平县明朝永乐皇帝陵墓的大殿是突出的例子。它的斗拱退缩到无足轻重的地步，非近观不能看见。虽然明、清两代的个体建筑退步，但北平故宫是宏伟的大尺度布局的佳例，显示了中国人构想和实现大范围规划的才能。紫禁城用大墙包围，面积为3350英尺×2490英尺（1020米×760米），其中有数百座殿堂和居住房屋。它们主要是明、清两代的建筑。紫禁城是一个整体。一条中轴线贯穿紫禁城和围绕它的都城。殿堂、亭、轩和门围着

① 原文Kondo of the Todaiji, Nara, 指奈良东大寺。鉴真所建为roshodai-ji, 唐招提寺。疑梁先生笔误。——吴焕加注
② 今以"塔"对应"巴高大"。——陈志华注

数不清的院子布置，并用廊子连接起来。建筑物立在数层白色大理石台基上。柱子和墙面一般是刷成红色的。斗拱用蓝、绿和金色的复杂图案装饰起来，由此形成冷色的圈带，使檐下更为幽暗，显得檐部挑出益加深远。整个房屋覆在黄色或绿色的琉璃瓦顶之下。中国人对房屋整体所作的颜色处理，其精致与独创性举世无双。

多层木构建筑。因为材料的限制，高层木构建筑很少。北京天坛祈年殿是著名的高大木构建筑。这是一座圆形建筑，立在三层白色大理石基座上，上部为三层蓝色琉璃瓦顶，最高层束成圆锥形。顶尖高于地面108英尺（33米）。

最好的一个多层木构建筑是山西应县木塔，但不那么有名。它建于公元1056年，有五个明层和四个暗层，平面为八角形。木塔的每一层，不论明暗，都有完整的木构架。因此全塔由九个构架累积而成。其中每一构架都起支撑作用，没有多余之物。塔顶屋面为八角锥体，最上为铁铸塔刹。最高点距地面215英尺（65米）。虽然早期大多数塔为木塔，但应县木塔是该类型的塔的唯一留存者。

砖石塔。早期木塔大都消失了，留存下来的多是砖塔，也有少数石塔，它们经受了人为的和自然的损害。与一般人的看法相反。中国塔的设计并不是从印度传入的，它们是中国与印度两种文明交会的产物。塔身完全是中国的，印度因素只在塔刹部分可以见到，它来自窣堵坡（stupa），但已大大改变。许多的砖塔或石塔演绎着木塔原型，木塔才是中国传统建筑观念的体现。

中国砖石塔有五大类型：

单层塔。印度的窣堵坡是佛屠遗骸埋葬地的标志，而死去的僧人坟墓窣堵坡就叫"巴高大"（pagoda）② 6世纪到12世纪的坟墓窣堵坡大都做成单层小亭子似的建筑，上面有单檐或重檐。山东济南附近的四门塔建于公元544年，是最早的单层塔的例子（它不是坟墓）。更典型的例子是山东长清灵岩寺的慧崇禅师塔墓。

多层塔。多层塔保持中国土生土长多层建筑的许多特点。日本尚有多层木塔屹立至今，中国只保存了此种类型的砖塔。西安附近的香积寺塔，建于公元681年，是最早和最好的例子。那是十三层的方塔，其中十一层保存完好。楼

层用叠涩砖檐分划，各层外墙上用浅浮雕显示门洞、窗子之外，尚有简单而精细的浮雕壁柱和额枋，上承大斗。

宋代多八角形塔。墙上的壁柱常被省去。砖檐常由许多斗拱支撑。有些例子，如河北涿县的双塔（约1090年），是在砖塔上忠实地复制出木塔的外貌。

密檐塔。密檐塔似乎是单层塔而上面有多重檐口所形成的变体。外观上看，它有一个很高的主层，其上为密密的多重檐口。公元520年建的河南佛教圣地嵩山嵩岳寺塔，十二边形，十五层，是最早的实例。在唐代，这种塔全采用四方形。最杰出的一例是法王寺塔（约公元750年），也在河南嵩山。

9世纪中有了八角塔，到11世纪以后，这已经成了塔的标准形式。从10世纪到12世纪，在中国北方建造了大量的这种塔，檐下用斗拱装饰。最出名的一个例子是北平的天宁寺塔，建于11世纪，经过多次重修。

喇嘛塔（窣堵坡）。通过印度僧人，中国早就知道印度窣堵坡的原貌，但长期未移植于中国。后来，由于喇嘛教的传播，终于经过西藏来到中国建造，经过很大的变形。西藏喇嘛塔一般做成壶形，立在高高的基座上面。1260年由忽必烈下令建造的北平妙应寺窣堵坡是最好一例。后来它的壶状身躯变得细巧了，塔的颈部尤其如此。这个颈部原先像截了一段的锥形。后来渐渐像烟囱。这种后出的西藏式窣堵坡的一个典型例子是北平北海公园里的白塔，建于1651年。

金刚宝座塔（Diamond—Based Pagodas）。在一个基座上耸立数个塔，称金刚宝座塔。早在8世纪建造的河北省房山县云居寺塔是这种塔形的先兆。云居寺塔有一个宽阔的低台，上面立着一座大塔和四座小塔。到明代此种形制始臻于成熟。1473年建的北平西郊的五塔寺是一个绝好的作品。它使人以多种方式联想起爪哇的婆罗浮屠（Borobudur）。

牌楼。在中国大多数城镇和不少乡村道路上，都可见到称为牌楼的纪念性的大门。虽然牌楼纯粹是中国的建筑，但可以看到与印度桑契的窣堵坡围栏上的门有某种相似之处。中国南方多石牌楼，北方城镇的街道常有华丽的木牌楼。

桥梁。造桥在中国是一种古老的技艺。早期的例子是简单的木桥或是浮桥。直到4世纪中期以后开始用拱券跨过水流。中国桥梁建造最有名的一个例子是河北赵县的大石桥。它是一座敞肩拱桥（在主拱两头桥面以下的三角形部位，又开着小拱洞）。赵州桥的主拱跨度为123英尺（37米）。赵州桥建于中国隋代，是使现代工程师感到惊讶的工程奇迹。

最常见的一种拱桥可以北平马可波罗桥①为例有许多桥墩。中国西南部的山区常用悬索桥。福建有许多用长长的石梁和石礅造的桥，有的总长度②可达70英尺（20米）。

绘　画

作为艺术的绘画，在中国首先作为装饰出现在旗帜、服装、门、墙及其他东西的表面上。早先的帝王们利用这种媒介的审美感染力和权势暗示力，得心应手地教化和统治人民。

唐以前的绘画。在汉代，绘画技术已趋成熟，壁画被用来装饰宫殿内部。公元前51年，汉宣帝（公元前73年－公元前49年在位）命令为十一名在降服匈奴过程中立功的大臣和将军画像于麒麟阁内墙上。这件事表明画像在当时已被承认为一种艺术。当时的绘画不是画在墙壁上便是画在绢上。据记载，唐朝宫廷收藏了大批绢画，但实物没有留下来。

朝鲜的乐浪在公元108年至313年是中国的一个省的省会。那里的一处坟墓中出土一块有绘画的砖，现藏于美国波士顿美术馆。它让我们看到了当时汉帝国边疆省份的绘画作品。大批带有线刻和平浮雕的石板是汉朝壁画的特点的间接然而有价值的证物。

现存最早的中国画卷被认为是顾恺之（公元344－406年）的作品，现在珍藏于伦敦大英博物馆。顾恺之是东晋时的著名画家。那卷画可能是唐代的摹本，题名"女史箴"，画的内容是图解一系列道德箴言。人物用毛笔在绢上画成，线条精确流畅，但不画背景。人物形象和空间的表现在相当程度上保持汉朝画像石的古拙风格，但同时显露出5至6世纪佛教雕塑的主要特征。

唐代的绘画。绘画和别的艺术门类一样，在唐代进入繁盛期。阎立德和阎立本（约公元600－673年）兄弟二人各列一大串唐代大画家名单之首。立德兼作建筑家，立本是更大的画家。阎立本的《历代帝王图卷》现藏波士顿美术馆，其中许多笔意可追溯到顾恺之的画卷中去。

吴道子（约公元700－760年）是最有名的中国画家，他第一个把毛笔的灵活性发挥到极致。他运用深浅不同的波动的线条表现三度空间的效果。摆脱早期线条的僵硬性，表现极为自由。每一个学中国画的学生都知道"吴带当风"之说，后继的画家因而更鲜活地表现运动。吴道子以他自由而纯熟的笔，在画中精妙地画出各式各样的题材，神和人，动物和植物，风景和建筑。据晚唐张彦远《历代名画记》记载，吴道子的壁画作品有三百件之多。大多数已经毁坏了。

在唐代，用壁画装饰寺庙墙壁蔚然成风。《历代名画记》记载了数百幅，其中有佛国净土和地狱，佛陀、菩萨、恶魔及其他神话人物。而这只是对长安和洛阳两个首都的寺庙壁画的记录。在其他城镇和名山圣地还有众多二流画家的作品。在中原省份这些壁画几乎早消失了。但是在丝绸古道上的敦煌石窟是有关边远省份佛教壁画的信息的富源。

到8世纪初，山水从人物画的背景独立出来，将要成为中国画中最高尚的一个品类。李思训（约公元651－716年）和他的儿子李昭道被普遍认为是山水画的解放者。被称为"大小李将军"，他们创立了"北派"或称"李派"山水画。其特点是采用精致而挺拔的线条，鲜艳的青色和绿色，重点的地方加上金或朱红色点。这种画极富装饰性，但稍有呆板之感，细致而辛苦地画出一切细节。当"大小李将军"在完善他们的风格时，吴道子在大同宫的墙壁上用墨和淡色作画，一天就完成了"嘉陵江三百里山水"。其技法与风格与"二李"作品迥异。

又过了大约半个世纪，诗人画家王维（公元699－759年）被认为是水墨山水画大家。他的作品的特点是自由而大胆，也与"二李"僵化的匠气风格成鲜明对照。王维善于表现雾和水，是成功地描绘大自然气氛的第一人。他被认为是画中有诗，诗中有画。他也有追随者。明代的评论家指出，王维是"南派"

① 据《中国大百科全书·美术卷》，贯休生卒年为832－913年。——陈志华注

山水画的始祖，正如"二李"是"北派"的创立者。

唐代大画家还有曹霸、韩干（约公元750），两人以画马著称。周日方和张萱（8世纪晚期）擅长画家庭生活及妇女。宋朝皇帝徽宗（1101－1125年在位）临摹的张萱的一个画卷，摹本现藏波士顿美术馆。

五代和宋朝的绘画。在混乱的五代，有一批艺术家风华正茂，他们是宋朝画家的先驱者。荆浩生活于唐末和五代之初，是大山水画家关全的老师，他对宋代山水画有重大影响。贯休和尚活跃于公元920年前后①，擅长人物，尤善画罗汉。徐熙和黄筌是花鸟画家。

这一时期壁画虽不若唐代兴盛，但在北宋仍是常见。少数宋代壁画逃过劫难，留至后世，敦煌石窟有宋代壁画，是边陲的作品。

宋代宫廷画院中聚集了许多著名画家。如山水画家郭熙（约1020－1090年），黄筌的儿子，也是花鸟画家的黄居。宋代初年的文人画家有李成和董源（10世纪末），是山水画大家。范宽画山覆有厚厚的植被，河流两旁岩峰峥嵘。米芾（1051－1107年）的山水画云雾缭绕，高耸的山顶散落着短、平、宽的墨点，后世画者多有仿效。李龙眠和李公麟（1040－1106年）的作品现在西方很著名。他用线条画人和马，极其娴熟流畅，为笔墨技法的最高成就。

北宋末期，徽宗皇帝本人在艺术上有很高的造诣，他追求极端的自然主义。徽宗是艺术的保护人。不过尽管他比先前的君王更重视画院，画院却没有再出现伟大的画家。

南宋的画风仍盛，但佛教绘画退缩到几乎不见。其时佛教在其发源地印度近于消失。中国儒家学者无情地攻击佛教。佛教徒中禅宗成为主流。他们虽然不是彻底的偶像破坏者，但注重冥想而不重偶像崇拜。这时佛教画家偏爱的题材多是"月下湖畔的白衣观音"，"沉思中的贤者"，或"十六罗汉"之类。这一类作品脱出了早期佛教绘画要求庄严、对称的严格规矩的束缚。

在新理学和禅宗佛教统治之下，山水画成了画家们最喜爱的表现媒介。12世纪末到13世纪初，画院又产生一批著名的山水画家，其中有刘松年、梁楷（约1203）、夏珪（约1195－1224年）和马远（约1190－1225年）。刘松年的

青绿山水超过"二李"。梁楷善用线条画人物，背景中的山水也用线条画。但是南宋时期水墨山水画大家首推夏珪和马远二人。夏珪的《长江万里图》充分表现出他的大胆和力度。马远画作中地平线安排得靠下，更受西方人的赏爱。马远的山水画与夏珪不同，他表现一种静寂精致的情调，如云雾背景中的松树。每个学中国画的学生对此题材都极谙熟。在马远以前，画家总是把看见的东西都收入画内。马远的画只有几处山石和一两株树。构图简洁，细部略省，比包罗万象的作品更接近西方人对于风景画的观念。这深深影响到元代绘画。

元代绘画。年代较短的元朝有很多大画家。赵孟頫（1254－1322年）以画人物和马著称，但亦擅长山水，同时又是第一流的书法家。他的最著名的画是《鞍马图》。在元朝避官不仕的知识分子中，钱选（1235－约1290年）是著名的花鸟画家。

吴镇（1280－1354年）、黄公望（1264－1354年）、倪瓒（1301－1374年）和王蒙（1385年卒）被推崇为元代四大家。他们都是山水画家。吴镇下笔厚重，但富有空间感，他也擅长画竹。与吴镇鲜明对照的是黄公望及倪瓒，此二人很少用渲染，多用枯笔。倪瓒尤其如此，他常画简单的对象以突出他的风格。王蒙风景画浓墨重笔，一笔一画极为工整。

明清绘画。明代离我们不远，留下较多的画作。壁画很少了，但有些留传至今，如北平附近的法海寺就有明代壁画，技艺相当不错。可是鉴赏家和评论者不把那些壁画看做艺术品，他们只把卷轴画看做艺术大家的作品。明代初期士人们努力仿效唐宋的绘画，但他们的作品的气质与唐宋大不相同。山水画家吴伟追学马远，却创立了"浙派"。边文进（边景昭，约1430年）和吕纪（约1500年）以花鸟画著称，风格接近黄筌和黄居。林良创立一个画派，作花鸟画特别流畅，类似速写。浙派的最重要的诠释者是戴进（字文进，约1430－1450年），本是画院画家，后受人嫉害被逐出画院。像当时所有的人那样，他追从宋代大师。尤重马远。结果却创立了自己的画派，画风简洁清新。

学院派和浙派都渐渐消失了。后者演变成所谓的"文人画"风格。明代文人画的四大代表者是沈周（1427－1509年），唐寅（1470－1523年）；文征明和董其昌（1554－1636年）。仇英（约1522－1560年）原来学习漆画，是工笔画大师，他的作品细致地忠实地记录下当时日常生活的乐趣。明代画家有一个突出的共同点，即毛笔的运用极为熟练，笔画出不止是一根线或一小片洇墨，还表达出调子力度和精神。明代毛笔的运用达到完美的程度。

清代艺术承继了明代的传统。清初南派山水画的代表是"四王"，他们是王原祁（1642－1715年）、王鉴（1598－1677年）、王翬（1632－1717年）和王时敏（1592－1680年）。王时敏和王鉴师法董源和黄公望，是清代画家的先驱。王时敏以粗大笔触闻名。王是王时敏的弟子，在运笔上超越乃师。据认为他把南派和北派风格加以融合，他的老师称他为画圣。王原祁是王时敏的孙子，是四王中学问最大者，他最得黄公望的意境。王原祁以淡彩山水画著称。

陈洪绶（1599－1652年）创立一种绘画风格，看似无意，实则每笔均精心考虑精心落墨。仿效陈洪绶的人颇多，石涛善画山水及竹，也是一位看似"随意"的画家。这两人在明代末年已经成熟，他们活到清初，由于他们对后人的影响大，陈洪绶与石涛被视作清代画家。

雕　塑

雕塑，像建筑一样，在中国也未获得应有的承认，我们知道大画家的名字，但雕塑家都默默无闻。

早期的雕塑。最早的雕塑是在安阳商朝的墓葬中发现的。猫头鹰、老虎和乌龟是常见的雕刻母题，也偶有人的形象。那些大理石作品都是圆雕。有些就是建筑部件。表面装饰同那个时代的青铜器的纹样相同。石雕和青铜器在装饰纹样、基本形体和气质方面是一致的。出土的铜面具有的是饕餮，有的是人形。它们都铸造得很好。

公元前500年前后，青铜器开始以人和动物形体的圆雕做装饰题材。初时人像是正面跪姿，严格按照"正面律"制作。不久，艺术摆脱束缚去表现动作。总的看，人物造型矮而且呆板，而动物造型见出刀凿的运作精准有致，这是基于对自然的准确观察。

汉、三国、六朝。到汉代，雕塑在建筑上的重要性增加了。室内墙壁上有浮雕装饰，这可以从许多汉墓祭室中得到印证。尤如山东嘉祥武氏墓群，人和动物（狮、羊、吐火兽）的圆雕成对地排列在通往墓室、官庙的大路两旁。山东曲阜的人像非常呆拙，粗糙，模糊一团，只大致有点像人形。而兽像则造型优美，雄壮而有生气。狮子和吐火兽常常有翼（考虑到中国早期建筑不用人像和兽雕保卫大门，这一做法很可能是在与北方和西方蛮族接触中从西亚传来的）。四川发现的汉阙常有鸟、龙、虎的浮雕，它们是装饰雕刻的上品。

南北朝时，佛教盛行，人像雕刻多起来。有一些5世纪的小佛像留传下来。第一批重要的纪念性雕像见于大同云冈，大同是北魏（公元386－535年）第一个首都。云冈石窟是印度石窟的中国翻版。除了一些装饰题材（叶饰、回义饰、念珠，甚至爱奥尼或科林斯柱头）和洞窟的基本形制外，看不出在雕刻上有什么印度或其他非中国的特点。固然有少数典型的印度式佛像，但群体还是中国的。

云冈石窟由皇帝下令于公元452年开始建造，但因首都南迁洛阳，而于公元494年突然停止。云冈的一部分石窟与印度的"支提"（Chaitya）十分相似。中间是圣坛或窣堵坡。建筑与雕塑则基本是中国式的。早期的较大的雕像有的高度超过70英尺（21米），粗壮结实，身上紧裹着有褶的服装。后来佛像变得苗条些，而头及颈部却几乎是圆柱形的。眉毛弯弯，与鼻梁相接。前额宽而平，在太阳穴处突然后折。眼是细长缝，薄唇，永远微笑，下巴尖尖的。这一特征多在同时期的小型铜佛像上见到。衣服不再紧贴，而是披挂在身上，在脚踝处张开，左右对称，衣褶尖挺如刀，像鸟翼似的张开（这并非偶然，这时期中国书法常有尖锋）。佛像组群中有菩萨像，在印度菩萨作公主般打扮，在中国则几乎取消全部装饰，只戴简单的头巾和一个心形项圈。有长长的肩带，穿过在大腿前的环。

公元495年，在洛阳附近的龙门，在伊川河的山岩上开始开凿龙门石窟，情形与大同云冈近似。这里的佛像头部更圆润而较少圆柱形，衣褶不那么尖了，仍然对称，但更流畅，富有高雅的装饰性。有些洞窟的墙面上有浮雕，一面是皇帝像，对面是皇后像，各有随从侍候，表现着最高级的构图。龙门的雕凿工作持续到9世纪后期。

北齐（公元550－557年）统治者笃信佛教而过火。但在其统治的末期，方才开始开凿天龙山石窟，这些石窟里的大部分佛像站立着，头部是浑圆的，额头明显较低，眼睛虽然仍细但比较长，鼻与唇比较饱满。先前时期那种迷人的微笑几乎不见了，衣褶简单，直上直下。

隋与唐的雕塑。隋代立像的腹部独特地挺出。头占全身的比例变小，鼻子和下颚较以前丰满。眼睛仍细，但上眼皮凸出一些，显出其下的眼珠。这微微凸出的眼皮与眉毛下面的弧形平面相交形成柔和的凹沟。这交线像一张弓，重复了眉和眼睛的韵律。嘴变小了，造型精致的双唇使雕像微带笑意。颈子如截去尖端的圆锥体，从胸部突然伸出，与头部生硬相接。颈部中段横一道深深的皱褶。衣服上的衣褶自然，卷边非常精致，如来佛的服饰永远保持朴素，与之相反，菩萨的服饰变得华丽。头巾和项链上嵌着鬘石般的装饰。珠链从肩上垂下，间隔地挂着饰物，抵到膝部以下。

中国的雕塑，尤其是佛教雕塑，在唐代直抵顶峰。北魏开始的龙门石窟达到新的高度。在唐帝国版图之内，到处都热情地雕凿佛像。大约在9世纪末，中原的信徒们失去了对石窟的兴趣。敦煌石窟仍在继续，在中国中部，石窟开凿转移到四川，那儿有一些晚唐的石窟。在四川这一活动历经宋、元，延续到明代。

唐初与隋代的风格接近，很难明确区分。到7世纪中期，唐代自己的风格出现了。雕像更加自然主义了。大多数立像呈S形姿势，由一条腿平衡，放松的那条腿的臀部和同侧的肩部略向前倾。头部稍稍偏向另一边。躯体丰满，腰部仍细。菩萨的脸部饱满，眉毛优雅地弯曲，不像前一时期那样过分，很自然地呈弧形勾画出天庭。眉弓下也不再有凹沟。眼睛上皮更宽，眉下的曲面减窄。鼻子稍短，鼻梁稍短也稍低。鼻端与嘴稍近，嘴唇更有表情。发际移下，额头高度稍减，这时期的菩萨像的装饰不那么华丽了。头巾简化，头发在头顶上堆成高髻。服装更合身。仍然戴着珠串，但挂着的饰物减少了。

到8世纪初，出现一种非常人性化的如来佛像。他被雕凿成一个自我满足的，心宽体胖的俗世之人，下巴松弛，看不见颈子，有胖胖凸出的肚子。这是关于在菩提伽叶森林中行的苦行者的不寻常的观念。这样的佛像不多见，但就人体形象的雕凿而言是十分高超的。

唐末，在四川人迹罕至的地区的石窟中出现由新传播的密宗（或密教，意为秘密教派）搞的反映奇幻心理的偶像。不过人和服饰的处理与唐代传统相似。那里，一整片墙只描绘一个题材。同时期在敦煌一再出现的描绘净土的壁画，用堆塑来表现，用单一的构图。这在先前的石窟雕塑中从未见过。

唐代雕刻家雕刻动物的技艺特别高超，许多作品藏在唐代帝王陵墓中的地下。欧洲和美国博物馆展出了小件作品。

宋代雕塑。唐朝之后，石造佛像几乎停止了。宋代庙宇中供奉的佛像是木刻的或泥塑的，偶尔也有用铜铸的。只有四川地区的石窟中例外。几乎没有铜佛像能在以后各时期逃避被熔化之祸而流传至今。最有名的例外是河北正定的70英尺高的铜观音，它由宋太祖（公元960－976年在位）下令铸造。泥塑佛像不计其数。极精美的一组在大同华严寺祭台上。河北蓟县独乐寺十一面泥塑观音像高60英尺（18米），风格十分接近唐代传统，是中国最高大的泥塑佛像。许多宋代木雕佛像流入西方博物馆。

宋代雕塑最突出之点是脸部浑圆，额头比以前宽，短鼻，眉毛弧形不显，眼上皮更宽，嘴唇较厚，口小，笑容几乎消失，颈部处理自然，自胸部伸出，支持头颅，与头胸之间没有分明的界线。

唐朝菩萨那种S形曲线姿势不见了。宋代雕塑虽然并不僵硬，但唐代那种轻松地支持体重并降低放松的那一侧身体的安闲相不是宋代雕刻者所能掌握的。禅宗搞出另一种观音像，她坐在石头上，一脚踏石，一脚垂下。这种复杂的姿势向雕刻家提出了处理身躯和衣褶的新问题。

南宋时期，四川石窟雕刻艺术衰落，尤其是菩萨像，此时日益显现为女身。服装过分华丽，珠宝、装饰太多。姿势僵硬，甚至冷淡，表情空漠。四川最好的作品是大足石刻中少女般的菩萨群像。

元、明、清雕塑。元代，喇嘛教从西藏传入中原，该教派的雕塑匠人也来了。他们影响了明、清的雕塑。他们的塑像大都交腿而坐，胸宽，腰细如蜂，肩方。头部短胖，前额重现全身的韵律。头顶是平的，上面有浓密的螺髻，是如来佛头顶上特有的疙瘩形发式。

　　明、清两代是中国雕塑史上可悲的时期。这个时期的雕像一没有汉代的粗犷；二没有六朝的古典妩媚；三没有唐代的成熟自信；四没有宋代的洛可可式优雅。雕塑者的技艺蜕变为没有灵气的手工劳动。

Art and Architecture

This section deals with architecture, painting, and sculpture. For an account of the Chinese art of porcelain, pottery, and bronze, see Porcelain; Pottery; Bronze and Brass in Art.

Architecture

Although the ancient Chinese never considered architecture a fine art, in china as in the West it has been the mother of the fine arts. It was through the medium of architectural decoration that painting and sculpture matured and gained recognition as independent arts.

Technique and Forms. The architecture of China is an indigenous system of construction which was conceived in the dawn of Chinese civilization and has been developing ever since. Its characteristic form is a timber skeleton or framework standing on a masonry platform and covered by a pitched roof with overhanging eaves. The spaces between the posts and lintels of the framework may be filled in with curtain walls whose sole function is to separate one portion of the building from another, or the interior from the exterior. The walls of the Chinese building, unlike those of the conventional European building, are free from the weight of the upper floors and the roof, and may be installed or omitted as required. By adjusting the proportion of the open and wall-in spaces, the architect may admit or exclude just the amount of light and air appropriate to any purpose and to any climate. This high degree of adaptability has enabled Chinese architecture to follow Chinese civilization wherever it has spread.

As the Chinese system of construction evolved and matured, rules like the orders of classical European architecture were developed to govern the proportion of the different members of the building. In buildings of a monumental character the order is enriched by tou - kung, sets of brackets on top of the columns supporting the beams within and roof eaves without. Each set consists of tiers of outstretching arms called kung, cushioned with trapezoidal blocks called tou. The tou - kung are functional members of the structure, carrying the beams and permitting the deep overhang of the eaves. As they evolved, they assumed different shapes and proportions. In earlier periods they were simple and large in proportion to the size of the building; later they became smaller and smaller and more complicated. Hence they serve as a convenient index to the date of construction.

The planning problem of the Chinese architect is not that of partitioning a single building, since the framing system makes the interior partition mere screens, but of placing the various buildings of which a Chinese house is composed. These are usually grouped around courtyards, and a house may consist of an indefinite number of such courtyards. The principal buildings are usually oriented toward the south, so that a marimum amount of sunlight can be admitted in winter, while the summer sun is cut off by the overhanging eaves. Adapt from the variations required by special topographical conditions, the same general principles apply to all domestic, official, and religious architecture.

Historical Development. The oldest architectural remains in China are some tombs of the Han dynasty. Both the burial chamber and the ch'ueh, or gate piers, include translations into stone of timber construction, showing a highly accomplished carpenter's art rendered by an equally masterful touch of the sculptor's chisel. The important role played by the tou-kung is seen even in that early period.

No timber structure built during the long interval up to the middle of the 8th century A.D. has as yet been found standing in China. Yet glimpses of the outward appearance of such structures may be gathered from the details of construction in some of the cave temples and from the paintings on their walls. In the caves of Yunkang, near Tatung, Shansi, constructed about 452-494 A.D., and in those of Hsiangtang Shan, on the border of Honan and Hopeh provinces, and Tienlung Shan, near Yanku (Tai-yuan) , Shansi, which were built about 550-618 A.D., the facades and interiors are treated architecturally, carved from the rock cliffs to emulate the contemporary timber structures. On the tympanum of the west portal of the Tz'u-en Ssu pagoda (701-704 A.D.) , in Sian (Changan) , Shensi, is an engraving showing in accurate detail a Buddhist temple hall. The frescoes on the walls of the 6th to 11th century caves at Tunhwang, Kansu, are paradise scenes with elaborate architectural backgrounds. These relics are graphic records of the architecture of a period that has left us no standing specimens. Here, too, we notice the importance of the tou-kung, whose evolution may be clearly traced.

Such indirect evidence of the character of early Chinese architecture is well supported by groups of buildings still standing in Japan. They were erected in the Suiko (Asuka) , Hakuho, Tempyo, and Konin (Jogan) periods, corresponding to the Sui and T'ang dynasties in China. In fact, until the middle of the 19th century the architecture of Japan reflected as in a mirror the changing styles of continental builders. The early Japanese structures may justifiably be called colonial Chinese, and some are actually known to have been erected by continental architects. Earliest of these is the Horyuji group, near Nara, which was constructed by Korean builders and completed in 607. Another is the Kondo of the Todaiji, Nara, built by the Chinese monk Ganjin (Chien-chen, died 763) in 759.

The oldest extant wooden structure in China itself is the main hall of the Buddhist temple Fo-kuang Ssu, Wutai, Shansi, It is a one-story building of seven bays, with tou-kung of gigantic size, showing an unparalleled vigor and dignity in proportion and design. The temple was built in 857, shortly after the nationwide Buddhist persecution of 845. It is the only wooden structure known to date from the T'ang dynasty, the golden age of Chinese art. The hall houses specimens of sculpture and calligraphy and a fresco frieze, all of the same period. The congregation in one spot of all the major arts of T'ang date makes this temple and its contents a unique treasure in China.

Wooden structures of later periods are found in increasing numbers. A few of the more outstanding monuments may be chosen to represent the Sung dynasty, together with the contemporaneous Liao and Chin dynasties.

The Hall of Kuan-yin (Goddess of Mercy) of the Tu-lo Ssu, Chihsien, Hopeh, was built in 984, It is a two-story structure containing an eleven headed Kuan-yin, standing upright. A mezzanine story is inserted between the two main stories, so that the structure is actually built of three superposed "orders". Here the function of the Tou-kung is shown to best advantage.

The group of buildings at Tsintzu, near yanku, was built about 1025. The two principal buildings are each one story in height, but the main hall has double-decked eaves. The main hall of the Hua-yen Ssu, Tatung, is a huge single-story structure with single-decked eaves. Built about 1090, it is one of the largest Buddhist structures in China. Of considerably later date (1260) is the main hall of the Pei-yueh Miao, Chuyang, Hopeh. The inner structural members supporting the upper part of the roof have been extensively rebuilt, but the lower part and the outward appearance of the building as a whole are essentially unaltered.

A comparative study of these few examples reveals that the tou-kung tends to become smaller and smaller in proportion to the building. Another common characteristic is an increase in the height of the columns toward the corners of the building. This latter refinement brings about a gentle curvature of the eave line (with the exception of the Hua-yue Ssu hall), and of the roof ridge, giving an appearance of elegance.

With the coming of the Ming dynasty, the subtle refinements disappeared. This trend is especially noticeable in the monuments built under imperial patronage, and is best exemplified in the sacrificial hall at the tomb of Emperor Yung Lo, built in 1425 at Changping, Hopeh, 25 miles (40km) north of Peking. Here the tou-kung has shrunk to insignificance; its presence can be detected only at close view.

Despite the retrogressive features of individual building of the Ming and Ch'ing dynasties, we have in the imperial palaces of Peking a superb example of planning on the grandest scale, showing the aptitude of the Chinese for conceiving and executing a design of colossal proportions. The hundreds of audience halls and apartments within the Forbidden City, a walled enclosure measuring about 3350 feet (1020 meters) by 2490 feet (760 meters), are mainly structures of the late Ming and the Ch'ing dynasties. The entire area was conceived as a single architectural unit, with one main axis dominating the Forbidden City and the entire Imperial City surrounding it. The halls, pavilions, verandas, and gates are grouped in innumerable courtyards connected by colonnades. The buildings themselves are raised on white marble terraces. Columns and walls are generally painted red, while the tou-kung are decorated with intricate designs in blue, green, and gold, forming a cool belt which accentuates the deep shady overhang of the eaves. The whole structure is crowned by a roof of glazed yellow or green tiles. The ingenuity of the Chinese in applying color to architecture on an all-inclusive scale has never been equaled.

Multistoried Timber Structures. Because of the limitations of the material, high structures in timber are rare. The best known is the Ch'i-nien Tien of the Temple of Heaven, Peking. It is a building of circular plan, standing on three tiers of white marble terraces and crowned by three tiers of blue glazed tile roofs, the uppermost of which converges into a cone whose apex is about 108 feet (33 meters) above the ground.

The finest example of multistoried timber construction in China is the little-known wooden pagoda of Yinghsien, Shansi. Erected in 1056, it is a five-story structure with four additional mezzanine stores, built on an octagonal plan. Each of its main and mezzanine stories is a complete "order" in itself. The pagoda as a whole therefore comprises nine superposed "orders". Scarcely any of its members it idle: every timber has its part in supporting the building. The top roof,which is an octagonal cone, is surmounted by a wrought iron spire whose tip is 215 feet (65 meters) above the ground. Although most of the early pagodas were of wood, this is the only one of its kind still standing in China.

Masonry Pagodas. The early wooden pagodas have disappeared, but many of their counterparts in brick—or, in rare cases, stone—have survived the destructive forces of man and nature. Contrary to the general assumption, the design of the Chinese pagoda was not imported from India; rather, it is a cross between the architectural ideas of the two civilizations. The body is entirely Chinese, the Indian element finding expression only in the spire, which is derived, often in much modified form, from the stupa. Many of the pagodas are brick and stone translations of wooden prototypes embodying the traditional Chinese architectural conceptions.

Chinese masonry pagodas may be divided into five principal types:

One-Story Pagodas. A stupa is a monument marking the site where some Buddhist relic is buried; the tomb stupa of a deceased monk may properly be called a pagoda. Most of the tomb stupas of the 6th to the 12th centuries are small, square pavilion like structures, one story high, with one or two strings of cornices. The earliest examples of the one-story form is the Ssu-men T'a (which is not a tomb) , built in 544 near Tsinan, Shantung. More typical is the tomb of Hui-ch'ung at Ling-yen Ssu (mid-7th century) , Changching, Shantung.

Multistoried Pagodas. The multistoried pagoda retains most of the characteristics of the indigenous multistoried building. Counterparts in wood are still extant in Japan, but only brick structures of this type remain in China. One of the earliest and best examples is the Hsiangchi Ssu pagoda, built in 681, near Sian. It is a square pagoda of 13 stories, 11 of which are intact. The stories are marked by strings of corbeled cornices; and the exterior walls of each story, in addition to their doorways and windows, have delicate reliefs of simple pilasters and architraves supporting tou.

In the Sung dynasty the octagonal plan became general. Representation of columns or pilasters on the walls is often omitted, but the cornices are in most cases supported by numerous tou-kung. In some instances, such as the twin pagodas of Tsohsien, Hopen (about 1090) , the outward appearance of the wooden pagoda has been faithfully reproduced in brick.

Multieaved Pagodas. The multieaved type seems to be a mutation of the single-story pagoda, produced through increasing the number of cornices. In appearance, it presents a high main story crowned by a great number of closely decked eaves. The earliest example is the 12-sided, 15-story pagoda of Sung-yueh Ssu, built about 520, on Sung Shan, a sacred mountain in Honan. During the T'ang dynasty the square plan was the only one chosen for this type of pagoda. The pagoda of Fa-wang Ssu (about 750) , also on Sung Shan, is an excellent example.

The octagonal plan was introduced about the middle of the 9th century and after the 11th century became accepted as the standard shape for a pagoda. A great number of pagodas of this type, enriched by tou-kung under the eaves, were built in north China from the 10th to the 12th centuries. The best-known example is the pagoda of the T'ien-ning Ssu. Peking, a structure on the 11th century which has been much repaired.

Stupas. The stupa in its original Indian form, though known in China through the early Buddhist missionaries, was never transplanted there. When the stupa finally did become established in China, in much modified form, it arrived through Tibet in conjunction with the spread of Lamaism. The Tibetan stupa is generally bottle shaped and raised on a high base. The best example is the stupa of Miao-ying Ssu, Peking, which was built in 1260 by Kublai Khan. Later the bottle became more slender, particularly the neck. This part, which originally resembled a truncated cone, came to resemble a smokestack. Typical of the later stupas of the Tibetan type is the one in North Sea Park, Peking, built in 1651.

Diamond-Based Pagodas. The chin-kang pao-tsot'a, or diamond-based pagoda, consists of a group of pagodas on a common base. Its development was foreshadowed as early as the 8th century in the pagoda group of Yun-chu Ssu, Fangshan, Hopeh, which is composed of a large pagoda and four small ones on a single, very low platform. The form did not reach full architectural maturity until the Ming dynasty. An excellent example is the Wu-t'a Ssu (Five Pagoda Temple), built in 1473 outside one of the west gates of Peking. This structure reminds the observer in various ways of the 8th century Borobudur in Java.

P'ai-lou. In most of the towns and on many of the country roads of China are found monumental archways called P'ai-lou. Although the P'ai-lou is considered a purely Chinese architectural concept, one cannot fail to notice an analogy between this form and the gateways of the railings surrounding certain Indian stupas, such as those of Sanchi. In south China stone P'ai-lou are common; in northern cities the street scene is often enlivened by gaily painted timber ones.

Bridges. The building of bridges is an ancient art in China. Early examples were either simple timber structures or pontoon bridges, and it was not until the middle of the 4th century A.D. that the arch was used to span a water barrier. The most notable example of Chinese bridge building is the Great Stone Bridge, Chaohsien, Hopeh. This is an open-spandrel bridge (one with small arches piercing the triangular space between the roadway and the ends of the main arch) whose principal arch has a span of 123 feet (37 meters). Built in the Sui dynasty. it is a feat of engineering to amaze even a modern engineer. The more common type of bridge, exemplified by the celebrated Marco Polo Bridge near Peking, uses intermediate piers. Suspension bridges are often employed in the mountainous regions of southwestern China, and bridges with huge stone lintels, sometimes measuring 70 feet (20 meters) or more, are not uncommon in Fukien.

Painting

Painting as an art first appeared in China in the form of decorations on banners, dresses, gates, walls, and other surfaces. The aesthetic appeal and suggestive power of this medium were utilized by kings and emperors of the earliest days as a convenient means of teaching and governing the people.

Pre-T'ang Painting. In the Han dynasty the art of painting reached technical maturity, and murals were used to decorate the interiors of halls and palaces. In 51B.C., Emperor Hsuan Ti (reigned 73-49 B.C.) ordered portraits of 11 of his ablest generals and ministers, who had brought about the surrender of the shan-yu (king) of the barbarian Hsiung-nu, painted on the walls of Ch'i-lin Ke-an indication that portrait painting had already become a recognized art. Paintings were executed on walls and on silk. A considerable number of paintings on silk are reported to have been included in the imperial collections of the T'ang dynasty, but these have disappeared.

A painted brick discovered in a tomb at Naknang (Lolang), Korea, which was the capital of a Chinese province from 108 B.C. to 313 A.D., is in the Museum of Fine Arts, Boston. It affords a glimpse of painting in a frontier province of the great Han empire. Numerous stone slabs with designs engraved or in relief also provide indirect but valuable evidence of the character of Han mural painting.

The oldest existing Chinese scroll painting, attributed to Ku K'ai-chih (344?-?406A.D.), is treasured in the British Museum in London. Ku K'ai-chih was a celebrated painter of the Chin (Tsin) dynasty. The scroll, probably a T'ang copy, is labeled Admonitions of the Instructress to the Court Ladies and depicts scenes illustrating a series of proverbs or morals. The figures are painted with a brush on silk, in lines of great accuracy and dexterity, but no attempt was made to set them against a background. The painting shows conceptions of the human form and of space which still adhere to some extent to the archaic methods of presentation on the Han relief stone slabs. Yet it also contains the essential characteristics of the 5th and 6th century Buddhist sculpture.

Painting of the T'ang Dynasty. Painting, like other branches of art, blossomed into its full glory during the T'ang dynasty. Yen Li-teh and his brother Yen Li-pen (about 600-673) are the first of a long list of great T'ang painters. Li-teh was also an architect, while Li-pen was the greater painter. Attributed to the latter is the scroll Portrait of Emperors and Kings, in the Museum of Fine Arts, Boston, in which many of the characteristics of the Ku K'ai-chih scroll are traceable.

Wu Tao-tzu (about 700-760) became the most celebrated Chinese painter. The first to make full use of the flexible of the brush, he employed undulating lines varying in thickness, with third-dimensional effects. This was a radical departure from the wirelike lines of the earlier painters and gave him greater freedom of expression. "Wu's wind-blown draperies" became a phrase familiar to every student of Chinese painting, and succeeding painters depicted movement ever more vividly. Wu, with his free and masterly brush, excelled in painting subjects of all kinds, sacred and secular-figures, animals and plants, landscape, and architecture. The number of his murals recorded in the Li-tai Ming-hua Chi (Famous Paintings of All Ages) by Chang Yen-yuan (late T'ang) totals more than 300. Most have been destroyed.

By the T'ang dynasty, decorating temple walls with paintings had become almost a universal practice. Several hundred items are recorded in the Li-tai Ming-hua Chi: scenes of paradise and hell, images of Buddha, Bodhisattvas, lokapalas, demons, and other legendary beings. And these were from collections in the two capitals only-from Sian and Loyang (Honan). There were also many paintings by lesser artists in other cities and on the sacred mountains. Almost no works of this kind have been preserved in the central provinces, but the caves of Tunhwang on the Silk Road are a rich source of information on Buddhist mural painting in a frontier province.

By the beginning of the 8th century landscape, which was to become the noblest form of Chinese painting, had freed itself from its role as a mere background to figure painting. LiSsu-hsun who was born about 651 and died in 716 or 720, and his son, Li Chao-tao, are generally recognized as the liberators of landscape painting. Known as the Two Li Generals, they founded the Li or northern school of painting. The work of this school is charaeterized by careful, wirelike drawings colored with bright blue and green and accented with specks of gold and vermilion. It is highly decorative but somewhat stiff,with every detail minutely and laboriously depicted. While the Two Li Generals were perfecting this style, Wu Tao-tzu painted on the walls of the Tatung palace, in one day, in ink and only faintly tinted with colors. the panoramic Three Hundred Li on the Chialing River-a work widely different in technique and style from the products of the Li school.

About a half century later, the poet-painter Wang Wei (699-759) was to be hailed as the master of ink landscape. His work, in contrast to the rigid draftsmanship of the Li school, is characterized by boldness and freedom. Wang Wei excelled in depicting mist and water and was the first to succeed in capturing atmosphere in nature. It is said of him that there are pictures in his poetry and poetry in his pictures. He, too, had his followers, and was hailed by Ming critics as the founder of the southern school of landscape painting, just as the Li Generals were called the founders of the northern school.

Among other great T'ang painters were Ts'ao Pa and Han Kan (about 750), both celebrated for their pictures of horses, and Chou Fang and Chang Hsu all (late 8th century), who depicted domestic and feminine scenes. A copy of one of Chang's scrolls, made by Emperor Hui Tsung (reigned 1101-1125) of the Sung dynasty, is in the Museum of Fine Arts, Boston.

Five Dynasties and Sung. During the chaotic Five Dynasties period there flourished a number of artists who heralded the great Sung painters. Ching Hao, who lived at the end of T'ang and the beginning of this period, was the master of the great landscapist Kuan T'ung who exerted a tremendous influence on the landscape painting of the Sung dynasty. The monk Kuan-hsiu, who was active about 920, was famous for his figures, particularly lohans. Hsü Hsi and Huang Ch'üan were painters of birds and flowers.

Mural painting, though less popular than it had been in the T'ang period, was still common during the Northern Sung dynasty, and a few Sung murals have escaped destruction and survived for posterity. In the Tunhwang caves are examples of the work done in a frontier province.

Working at the court academy under imperial patronage were such great painters as Kuo Hsi (1020-1090) the landscapist, and Huang Chü-ts'ai, son of Huang Ch'üan, who like his father painted birds and flowers but was a finer artist.

Among the scholar painters of the early Sung period, Li Ch'eng and Tung Yüan (late 10th century) are generally recognized as the greatest landscapists.

Another painter, Fan K'uan, often covered his hilltops with heavy vegetation, and placed high, rugged cliffs along riverbanks. Mi Fei (1051-1107) filled his scenes with heavy mists and clouds, and rendered his protruding hilltops with the horizontal, broad, short "egg-plant" strokes so much imitated by later painters. Li Lung-mien (Li kung-lin, 1040-1106) is well known to the Western world. His line drawings of figures and horses, executed with extreme facility and dexterity, are examples of the highest achievement in draftsmanship.

Toward the end of the Northern Sung dynasty, Emperor Hui Tsung, himself an accomplished artist who aimed at extreme naturalism, became a great patron of art. Nevertheless, though he devoted far more attention to the academy than had earlier emperors, it did not produce any outstanding artist.

While painting in general flourished in the Southern Sung dynasty. Buddhist painting receded into almost complete obscurity. By this time Buddhism had died out in the land of its origin. Confucian scholars launched merciless attacks on it, and the Buddhists themselves, now dominated by the Ch'an (Zen) sect, while not entirely iconoclastic, substituted meditation for image worship. Buddhist painters of this period preferred such themes as "Kuan-yin in White Dress by the Moonlit Pool" , "Meditating Sages" , or "sixteen Lohans" -themes which were not bound by rigid rules calling for dignity and symmetry, as were the religious paintings of earlier periods.

In a world dominated by neo-Confucianism and Ch'an Buddhism, painters turned to landscape as their preferred medium of expression. In the late 12th and early 13th centuries the academy numbered a host of great landscape painters, including Liu Sung-nien, Liang K'ai (about 1203) , Hsia Kuei (about 1195-1224) , and Ma Yüan (about 1190-about 1225) . Liu Sung-nien excelled in landscape of the blue-and-green (Li) style, and Liang K'ai was a master of the technique of line drawing of human figures against a landscape background, also in line. But the two great figures in ink landscape of the Southern Sung dynasty were

Hsia Kuei and Ma Yüan. Hsia Kuei's strength and boldness are best seen in his famous Ten Thousand Li of the Yangtze River. Ma Yüan, who placed his horizons rather low, is more readily appreciated by Westerners. His landscapes, in contrast to those of Hsia Kuei, are marked by tranquility and delicate atmosphere, best illustrated by a pine tree silhouetted against a misty background, a motif familiar to every student of Chinese painting. Up to his time, Chinese landscape painters had tried to include all they saw. Ma Yüan's compositions show merely a few rocks and one or two trees. This pattern-simple in construction and sparse in detail-is perhaps closer to the Western conception of landscape painting than the all inclusive of the Yüan dynasty.

Yüan painting. The comparatively short Yüan period had a number of great painters. Chao Meng-fu (1254-1322), best known as a painter of human figures and horses, was equally at home with landscape. He was also calligrapher of the first rank. His best-known work is the Horse with Groom. Among the scholars who avoided Mongol officaildom was Ch'ien Hsü an (1235-about 1290), renowned as a painter of flowers, birds and insects.

Wu Chen (1280-1354), Huang Kung-wang (1261-1354), Ni Tsan (1301-1374), and Wang Meng (died 1385) are honored as the Four Great Masters of Yüan. They were all landscape painters. Wu Chen treats his material Somewhat heavily, but he has a keen sense of space. He is also well known for his bamboos. In striking contrast are the airy scenes of Huang Kung-wang and Ni Tsan, who used washes very sparingly, obtaining their effects with lines consisting mainly of dry brush strokes. This is particularly true of Ni Tsan, who emphasized this style through his choice of extremely simple subjects. Wang Meng painted his scenes heavily, building them up laboriously with individual strokes.

Ming and Ch'ing Dynasties. The Ming Dynasty, relatively recent, has left us many paintings. Mural painting became rare, but some examples which have come down to us, such as those in the Fa-hai Ssu, near Peking, show superlative craftsmanship. Yet connoisseurs and critics do not classify these murals as art, looking to the scrolls alone for the work of the great masters. Early Ming academicians strove to emulate T'ang and Sung paintings, but the spirit of their work is entirely different. Wu Wei, the landscape painter, who modeled himself on MaYüan, became the founder of the so-called Che (Chekiang) school. Pien Wen-chin (Pien Ching-chap, about 1430) and LüChi (about 1500) were well known for their flowers and birds in the manner of Huang Ch'üan and Huang Chü-ts'ai; Lin Liang founded a school in which the same subjects were treated in an extremely facile and sketchy manner. The leading exponent of the Che school is Tai Chin (Tai Wen-chin, about 1430-1450), originally an academician, but expelled from the academy through the intrigues of jealous colleagues. Like all painters of the period, he modeled himself upon Sung masters-specifically, on Ma Yüan-but created a style of his own, simple and articulate in stroke, light in rendering.

Both the academic and the Che schools gradually died out, the latter being reincarnated in the "literary man's style, " best represented by the Four Masters of Ming: Shen Chou (1427-1509), T'ang Yin (1470-1523), Wen Cheng-ming, and Tung Ch'i-ch'ang (1554-1636). Ch'iu Ying (about 1522-1560), who learned his craft as a lacquer painter, was a master of detail. In his paintings we see the pleasures of everyday life exquisitely and faithfully recorded. A salient characteristic of Ming painters is their masterly manipulation of the brush. It does not merely make a line or a wash; it conveys tone, strength, and spirit. In this dynasty the technique of the brush attained perfection.

Ch'ing dynasty art is a continuation of the Ming tradition. Early in this period the southera school of landscape painting, best represented by the four Wangs-Wang Shih-min (1592-1680), Wang Chien (1598-1677), Wang Hui (1632-1717), and Wang Yüan-ch'i (1642-1715) -came into prominence. Wang Shih-min and Wang Chien, who took Tunn Yüan and Huang Kung-wang as their masters, formed the vanguard of Ch'ing painting. The former is known for his bold brush strokes. Wang Hui was a disciple of Wang Shih-min, and excelled him in control of the medium. He is said to have combined the northern and southern schools, and was proclaimed by his master s the Sage of Painting. Wang Yüan-ch'i, grand-son of Wang Shih-min and the most learned of the four, best caught the spirit of Huang Kung-wang. He is known for his landscapes with light tinges of color.

Ch'en Hung-shou (1599-1652) originated a style in which, despite an appearance of carelessness, each stroke is skillfully conceived and precisely executed. He had many imitators. Shih T'ao was another "careless" painter of landscapes and bamboos. Both men reached maturity in the Ming dynasty, but they lived into the early years of Ch'ing and their influence on later painters places them as artists of the later rather than of the earlier dynasty.

Sculpture

Sculpture, like architecture, was not accorded due recognition by the Chinese. While we know the great painters, the sculptors are anonymous.

Early Sculpture. The oldest specimens of Chinese sculpture were found in the Shang dynasty tombs at Anyang. The owl, tiger, and turtle are favorite motifs, and the human figure also appears occasionally. These marble pieces are in the round, some of them being architectural elements. Their surfaces are decorated with patterns like those found on the contemporary bronzes. In decorative pattern, in basic concepts of form and mass, and in spirit, the sculpture and the bronzes are one. Bronze masks have also been found, some of the t'ao-t'ieh, some of human beings. They are often well modeled.

Human figures and animals in the round began to be used as decorative motifs on the bronzes around 500 B.C. The human figures were first carved in the kneeling position molded in strict confortuity with the law of frontality, but the art soon freed itself to portray action. In general, the human figures are short and stubby, rendered with little feeling for modeling, but the animal forms show keen and subtle touches of the chisel, based on careful observation of nature.

Han, Three Kingdoms, Six Dynasties. In the Han dynasty sculpture gained importance in conjunction with architecture. Reliefs decorate interior wall surfaces. such as those found in a number of tomb shrines, notably the tombs of the Wu family at Chiahsiang, Shantung. Human figures and animals (lions, lambs, and chimeras) in the round stand in pairs flanking the avenues leading to tombs, temples, and palaces. At Ch'üfu, Shantung, the human figures are typically rigid, lumpy, and ill-modeled, bearing only a vague resemblance to the human form. Yet the animals are in general well modeled, robust, vigorous, and animated. The lions and chimeras are usually winged. (Since figure sculpture, animal or human, had never been employed by the Chinese of earlier times as guardian monuments to an architectural approach, it is possible that the idea was imported from the Occident through contact with the barbarian tribes of the west and north.) On some of the contemporary ch'üeh in Szech-wan are found reliefs of birds, dragons, and tigers that rank with the best decorative sculpture.

With the spread of Buddhism during the period of the Northern and Southern dynasties, an anthropomorphic sculpture assumed an important role. A few small images of the early 5th century have come down to us. The first important monuments are in the caves of Yunkang, near Tatung, first capital of the Northern Wei dynasty (386-535 A.D) . These are undoubtedly Chinese versions of Buddhist caves in India. Yet, aside from decorative motifs (the acanthus leaf, the frets, the beads, and even the Ionic and Corinthian capitals) and the basic conception of the caves themselves, there seems to be no traceable Indian influence to give the sculpture an Indian or otherwise un-Chinese character. There are a few characteristically Indian figures, but the group remains essentially Chinese.

The work on the caves near Tatung was begun by imperial order in 452 and stopped abruptly in 494, when the capital was moved south to Loyang. The plan of some of the caves is fairly similar to th chaitya caves of India, with the chaitya, or stupa, in the center. The architecture and sculpture, however, are basically Chinese. The earliest, and larger, figures, some measuring over 70 feet (21 metrers) in height, are heavy and sturdy. The pleated draperies cling to the body. Later the figures grew more slender, and the head and neck became almost tubular. The eyebrows are arched and join with the bridge of the nose. The wide forehead is almost flat, turning sharply back at the temples. The eyes are mere slits; the lips, thin, forever smiling. The chin is often sharply pointed, —a feature especially noticeable in some bronze statuettes of the period. The draperies no longer cling to the body, but hang from it, often flarin out at ankle level, and are arranged symmetrically on the right and left, with the pointed, almost knifelike, ends of the folds spread out like a bird's wings. (It is not by accident that pointed ends are also characteristic of the strokes of the calligraphy of the period.) The Bodhisattvas of these statuary groups, whose Indian counterparts wear princely attire, are stripped of most of their ornaments. They wear a simple tiara and a heart-shaped necklace, and from the shoulder of each figure hangs a long sash, the ends crossing through a ring hung in front of the thighs.

A project similar to that at Tatung was begun by the Wei emperors about 495 at Lung-men, near Loyang, on the cliffs of the I (Yi) River. Here the heads are less tubular and more rounded, and the draperies less pointed and more fluent, though still symmetrically arranged, achieving a superb decorative effect. The walls of some of the caves are decorated with reliefs representing the emperor on one wall and the empress on the opposite one, each attended by an entourage, forming compositions of the highest order. The activity of the cliff sculptors at Lungmen continued until the latter part of the 9th century.

The Northern ch'i (550-557) rulers were devout but extravagant Buddhists, Yet it was not until nearly the end of their brief dynasty that they began the caves at Tienlung Shan. Most of the figures of these caves assume a standing posture. Their heads are almost round. The forehead is markedly lower; the eyes, though still very narrow, are wider. The nose and lips are fuller, with the enchanting smile of earlier periods almost completely suppressed. The draperies are simpler, hanging vertically.

Sculpture of the Sui and T'ang Dynasties. In the Sui dynasty the standing figures begin to show a peculiar protrusion of the abdomen. The head has become smaller in proportion to the body, and the jaws and nose are fuller. The eyes, though still narrow, show some convexity in the upper lids. emphasizing the presence of the eyeballs. The slightly convex surface intersects the curved plane under the brow in a gentle "valley". The line of intersection appears ills a wide arc, repeating the rhythm of the brow and the eye. The subdued smile is produced by more fully modeled lips, and the mouth is smaller. The neck has assumed the peculiar shaped of a truncated cone, protruding sharply from the chest and joining the head with similar abruptness. The cone is circumscribed about halfway up by a groovelike fold. The drapery is shown in more natural folds, and the hem rarely flares. In contrast to the costume of Buddha, which is austerely draped in all periods, that of the Bodhisattvas has become more gaudy. The tiara and the necklace are now bedecked with jewel-like ornaments. Strings of beads, hanging from the shoulders and interrupted at intervals with pendants, reach far below the knees.

Sculpture, especially Buddhist sculpture, reached its zenith in China in the T'ang dynasty. The work begun at Lungmen by the Wei Tatars attained new heights, and the creation of Buddhist images was advanced with similar zeal throughout the empire. About the end of the 9th century, however, cave sculpture seemed to lose the interest of the worshipers of central China. It was continued at Tunhwang, but the center for China proper shifted to Szechwan, which contains many late T'ang caves. The activity in that province continued through the Sung and Yüan periods into the Ming dynasty.

It is difficult to differentiate sharply between the Sui and early T'ang styles, but toward the middle of the 7th century T'ang characteristics definitely emerged. The figures have become more naturalistic. The S-curve appears in most of the standing figures, which are balanced on one leg, with the hip of the relaxed leg and the shoulder on same side slightly lowered. To maintain equilibrium, the head is tilted slightly toward the side of the supporting leg. The body is more fleshy, although the waist remains slim. The face, especially that of the Bodhisattva, is pleasingly plump. The gracefully arched eyebrow is not carried quite so far as in the previous periods, but curves naturally, clearly defining the temple. The ridge of the eyebrow is now seldom incised with a groove. The area of the upper eyelid extends farther up, and the curved plane below the brow is narrower. The nose is shorter and less sharply ridged. The lips are definitely sensuous, and the distance of the upper lip from the nose is markedly shortened. The hair is now carried very low, reducing his height of the forehead. The Bodhisattvas of this period are less garishly by ornamented. The tiara is often simplified, but the hair is drawn into an enormous knot on top of the head. The garments are modeled to conform closely to the body, and the beads, though still often worn, are bare of most of their former pendants.

About the beginning of the 8th century a very earthly type of Buddha was introduce. He is represented as a complacent, fat creature of this world, with a flabby chin, scarcely any neck, and a full, protruding abdomen-a most unusual conception of the ascetic who wandered the woods of Buddh Gaya. Not many figures of this type have been found, but all are evidence of superlative achievement in the plastic representation of the human form.

Toward the end of the T'ang dynasty, in the caves of the seclude Szechwan area, there appeared a type of sculpture characterized by the iconographic tributes and fantastic physiology of the newly popular mi-tsung or mi-chiao (secret sect or religion). In its treatment of the human form and of the draperies, however, it shows no perceptible break with T'ang tradition. An entire wall area is often used for a single subject. The paradise scene, which is pictured over and over again in the contemporary mural painting at Tunhwang, is here executed in relief, forming a single composition-a plastic conception never found in cave sculpture of earlier periods.

T'ang sculptors were extremely skillful in portraying animal forms, many examples of which have been preserved in the grounds of the T'ang imperial tombs. Some smaller pieces are on view in museums of the United states and European countries.

Sung Sculpture. With the fall of the T'ang dynasty the creation of Buddhist images in stone almost ceased. Statues in Sung temples were carved in wood, modeled in clay, or, rarely, cast in bronze. The only exceptions are found in the caves of Szechwan. Few of the bronze images escaped melting down in later periods. One notable exception is the 70-foots tatue of Kuan-yin in Chengting, Hopeh, cast by order of the first Sung emperor, T'ai Tsu (reigned 960-976) . Clay figures are numerous. A superb example of this work is the altar group in the Hua-Yen Ssu, Tatung. The eleven-headed Kuan-yin of the Tu-lo ssu, Chih-sien, closely follows the T'ang tradition; it measures about 60 feet (18 meters) in height and is the largest clay figure in China. Many wooden statues of the Sung period have found their way to the museums of the West.

The most noticeable characteristic of Sung statues is the rounding of the face. The forehead is broader than in previous periods. The nose is short and almost bulbous. The eyebrows are less arched, and the convex surface above the upper lid is ever wider, reducing to a narrow strip the concave plane under the eyebrow. The lips are thicker, and the mouth is very small. The smile has almost vanished. The neck is rendered naturally, emerging above the chest and supporting the head without any demarcation.

The S-curve of the T'ang Bodhisattvas seems to have been forgotten. Even when the figuresis not completely rigid, the ease with which T'ang figures carry their weight, and the consequent lowering the relaxed side of the body, seem beyond the grasp of the Sung sculptors. The Ch'an Buddhists introduced a new pose for the Kuan-yin, showing the goddess seated on a rock with one leg hanging down and the other foot resting on the rock. This complicated pose presented the sculptor with new problems of arrangement of the body and the draperies.

Szechwan cave sculptured of the Southern Sung period shows evidence of a decline in the sculptor's art. This is especially noticeable in some of the Bodhisattvas. By this time they have taken on an unmistakably feminine appearance. They are gaudily dressed and overburdened with jewelry and ornaments. The pose is rigid, almost frigid; the expression is blank. The best example of this work is the group of young, matronlike Bodhisattvas in Tatsu.

Yüan, Ming, and Ch'Ang Sculpture. During the Yüan dynasty, Lamaist Buddhism was introduced from Tibet. With it came sculptors whose influence was to last through the Ming and Ch'ing periods. Most of their figures are shown sitting cross-legged. The waist is almost wasp-like, the chest is broad, and the shoulders are square. The head has become more squat, but the rhythm of the torso is repeated in the broadening of the forehead. The top of the head is flattened and surmounted by a grossly elongated ushnisha, the hump characteristic of the sculptured heads of Buddha.

The Ming and Ch'ing dynasties were a sad period for sculpture in China. The statuary of these periods shows neither the robust vigor of Han, nor the archaic charm of the Six Dynasties, nor he mature self-assurance of T'ang, nor even the rococo elegance of Sung. The sculptor's art had degenerated into uninspired manual labor.

《中国的艺术与建筑》的英文原文
此文是梁思成所写的英文原文，中文为翻译之后的文章

中国建筑的特征[①]

中国的建筑体系是在世界各民族数千年文化史中一个独特的建筑体系。它是中华民族数千年来世代经验的累积所创造的。这个体系分布到很广大的地区：西起葱岭，东至日本、朝鲜，南至越南、缅甸，北至黑龙江，包括蒙古人民共和国的区域在内。这些地区的建筑和中国中心地区的建筑，或是同属于一个体系，或是大同小异，如弟兄之同属于一家的关系。

考古学家所发掘的殷代遗址证明，至迟在公元前15世纪，这个独特的体系已经基本上形成了。它的基本特征一直保留到了最近代。三千五百年来，中国

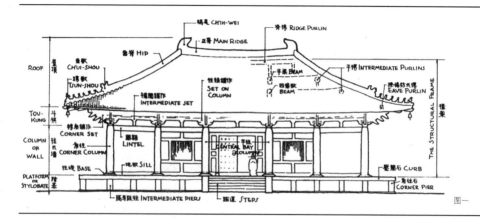

图一

① 本文原载《建筑学报》1954年第1期。——左川注

世世代代的劳动人民发展了这个体系的特长，不断地在技术上和艺术上把它提高，达到了高度水平，取得了辉煌成就。

中国建筑的基本特征可以概括为下列九点。

（一）个别的建筑物，一般地由三个主要部分构成：下部的台基，中间的房屋本身和上部翼状伸展的屋顶（图一）。

（二）在平面布置上，中国所称为一"所"房子是由若干座这种建筑物以及一些联系性的建筑物，如回廊、抱厦、厢、耳、过厅等等，围绕着一个或若干个庭院或天井建造而成的。在这种布置中，往往左右均齐对称，构成显著的轴线。这同一原则也常应用在城市规划上。主要的房屋一般地都采取向南的方向，以取得最多的阳光。这样的庭院或天井里虽然往往也种植树木花草。但主要部分一般地都有砖石墁地，成为日常生活所常用的一种户外的空间，我们也可以说它是很好的"户外起居室"（图二）。

（三）这个体系以木材结构为它的主要结构方法。这就是说，房身部分是以木材做立柱和横梁，成为一副梁架。每一副梁架有两根立柱和两层以上的横梁。每两副梁架之间用枋、檩之类的横木把它们互相牵搭起来，就成了"间"的主要构架，以承托上面的重量。

两柱之间也常用墙壁，但墙壁并不负重，只是像"帷幕"一样，用以隔断内外，或分划内部空间而已。因此，门窗的位置和处理都极自由，由全部用墙壁至全部开门窗，乃至既没有墙壁也没有门窗（如凉亭），都不妨碍负重的问

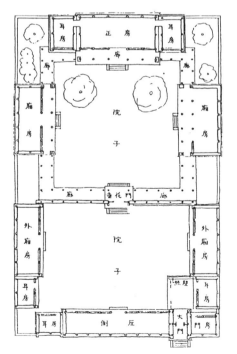

图二

图三　　　　　图四　　　　　　　　图五　　　　　图六

题；房顶或上层楼板的重量总是由柱承担的。这种框架结构的原则直到现代的钢筋混凝土构架或钢骨架的结构才被应用，而我们中国建筑在三千多年前就具备了这个优点，并且恰好为中国将来的新建筑在使用新的材料与技术的问题上具备了极有利的条件（图三）。

（四）斗拱：在　副梁架上，在立柱和横梁交接处，在柱头上加上一层层逐渐挑出的称做"拱"的弓形短木，两层拱之间用称做"斗"的斗形方木块垫着。这种用拱和斗综合构成的单位叫做"斗拱"。它是用以减少立柱和横梁交接处的剪力，以减少梁的折断之可能的。更早，它还是用以加固两条横木接榫的，先是用一个斗，上加一块略似拱形的"替木"。斗拱也可以由柱头挑出去承托上面其他结构，最显著的如屋檐，上层楼外的"平坐"（露台），屋子内部的楼井、栏杆等。斗拱的装饰性很早就被发现，不但在木构上得到了巨大的发展。并且在砖石建筑上也充分应用，它成为中国建筑中最显著的特征之一（图四、图五）。[①]

（五）举折，举架：梁架上的梁是多层的；上一层总比下一层短；两层之间的矮柱（或柁墩）总是逐渐加高的。这叫做"举架"。屋顶的坡度就随着这举架，由下段的檐部缓和的坡度逐步增高为近屋脊处的陡斜，成了缓和的弯曲面。

（六）屋顶在中国建筑中素来占着极其重要的位置。它的瓦面是弯曲的，已如上面所说。当屋顶是四面坡的时候，屋顶的四角也就是翘起的。它的壮丽的装饰性也很早就被发现而予以利用了。在其他体系建筑中，屋顶素来是不受重视的部分，除掉穹窿顶得到特别处理之外，一般坡顶都是草草处理，生硬无趣，甚至用女儿墙把它隐藏起来。但在中国，古代智慧的匠师们很早就发挥了屋顶部分的巨大的装饰性。在《诗经》里就有"如鸟斯革"，"如翚斯飞"的句子来歌颂像翼舒展的屋顶和出檐。《诗经》开了端，两汉以来许多诗词歌赋中就有更多叙述屋子顶部和它的各种装饰的辞句。这证明顶屋不但是几千年来广大人民所喜闻乐见的，并且是我们民族所最骄傲的成就。它的发展成为中国建筑中最主要的特征之一（图五）。

（七）大胆地用朱红作为大建筑物屋身的主要颜色，用在柱、门窗和墙壁上，并且用彩色绘画图案来装饰木构架的上部结构，如额枋、梁架、柱头和斗拱，无论外部内部都如此。在使用颜色上，中国建筑是世界各建筑体系中最大胆的（图六）。

（八）在木结构建筑中，所有构件交接的部分都大半露出，在它们外表形状上稍稍加工，使成为建筑本身的装饰部分。例如：梁头做成"挑尖梁头"或"蚂蚱头"；额枋出头做成"霸王拳"；昂的下端做成"昂嘴"，上端做成"六分头"或"菊花头"；将几层昂的上段固定在一起的横木做成"三福云"等等；或如整组的斗拱和门窗上的刻花图案、门环、角叶，乃至如屋脊、脊吻、瓦当等都属于这一类。它们都是结构部分，经过这样的加工而取得了高度装饰的效果。

（九）在建筑材料中，大量使用有色琉璃砖瓦；尽量利用各色油漆的装饰潜力。木上刻花，石面上作装饰浮雕，砖墙上也加雕刻。这些也都是中国建筑体系的特征。

这一切特点都有一定的风格和手法，为匠师们所遵守，为人民所承认，我们可以叫它做中国建筑的"文法"。建筑和语言文字一样，一个民族总是创造出他们世世代代所喜爱，因而沿用的惯例，成了法式。在西方，希腊、罗马体系创造了它们的"五种典范"，成为它们建筑的法式。中国建筑怎样砍割并组织木材成为梁架，成为斗拱，成为一"间"，成为个别建筑物的框架；怎样用举架的公式求得屋顶的曲面和曲线轮廓；怎样结束瓦顶；怎样求得台基、台阶、栏杆的比例；怎样切削生硬的结构部分，使同时成为柔和的、曲面的、图案型的装饰物；怎样布置并联系各种不同的个别建筑，组成庭院；这都是我们建筑上两三千年沿用并发展下来的惯例法式。无论每种具体的实物怎样地千变万化，它们都遵循着那些法式。构件与构件之间，构件和它们的加工处理装饰，个别建筑物与个别建筑物之间，都有一定的处理方法和相互关系，所以我们说它是一种建筑上的"文法"。至如梁、柱、枋、檩、门、窗、墙、瓦、槛、阶、栏杆、楣扇、斗拱、正脊、垂脊、正吻、戗兽、正房、厢房、游廊、庭院、夹道等等，那就是我们建筑上的"词汇"，是构成一座或一组建筑的不可少的构件和因素。

这种"文法"有一定的拘束性，但同时也有极大的运用的灵活性，能有多样性的表现。也如同做文章一样，在文法的拘束性之下，仍可以有许多体裁，有多样性的创作，如文章之有诗、词、歌、赋、论著、散文、小说等等。建筑的"文章"也可因不同的命题，有"大文章"或"小品"。大文章如宫殿、庙宇等等；"小品"如山亭、水榭、一轩、一楼。文字上有一面横额， 副对子，纯粹作点缀装饰用的。建筑也有类似的东西，如在路的尽头的一座影壁，或横跨街中心的几座牌楼等等。它们之所以都是中国建筑。具有共同的中国建筑的特性和特色，就是因为它们都用中国建筑的"词汇"，遵循着中国建筑的"文法"所组织起来的。运用这"文法"的规则，为了不同的需要，可以用极不相同的"词汇"构成极不相同的体形，表达极不相同的情感，解决极不相同的问题，创造极不相同的类型。

这种"词汇"和"文法"到底是什么呢？归根说来，它们是从世世代代的劳动人民在长期建筑活动的实践中所积累的经验中提炼出来，经过千百年的考验，而普遍地受到承认而遵守的规则和惯例。它是智慧的结晶，是劳动和创造成果的总结。它不是一人一时的创作。它是整个民族和地方的物质和精神条件下的产物。

由这"文法"和"词汇"组织而成的这种建筑形式，既经广大人民所接受，为他们所承认、所喜爱，于是原先虽是从木材结构产生的，它们很快地就越过材料的限制，同样地运用到砖石建筑上去。以表现那些建筑物的性质，表达所要表达的情感。这说明为什么在中国无数的建筑上都常常应用原来用在木材结构上的"词汇"和"文法"。这条发展的途径，中国建筑和欧洲希腊、罗马的古典建筑体系，乃至埃及和两河流域的建筑体系是完全一样的；所不同者，是那些体系很早就舍弃了木材而完全代以砖石为主要材料。在中国，则因很早就创造了先进的科学的梁架结构法，把它发展到高度的艺术和技艺水平，所以虽然也发展了砖石建筑，但木框架还同时被采用为主要结构方法。这样的框架实在为我们的新建筑的发展创造了无比的有利条件。

在这里，我打算提出一个各民族的建筑之间的"可译性"的问题。

如同语言和文学一样，为了同样的需要，为了解决同样的问题，乃至为了表达同样的情感，不同的民族，在不同的时代是可以各自用自己的"词汇"和"文法"来处理它们的。简单的如台基、栏杆、台阶等等，所要解决的问题基本上是相同的，但多少民族创造了多少形式不同的台基、栏杆和台阶。例如热河普陀拉的一个窗子，就与无数文艺复兴时代的窗子"内容"完全相同，但是各用不同的"词汇"和"文法"，用自己的形式把这样一句"话""说"出来了。又如天坛皇穹宇与罗马的布拉曼提所设计的圆亭子，虽然大小不同，基本上是同一体裁的"文章"。又如罗马的凯旋门与北京的琉璃牌楼，罗马的一些纪念柱与我们的华表，都是同一性质，同样处理的市容点缀。这许多例子说明各民族各有自己不同的建筑手法，建造出来各种各类的建筑物，就如同不同的民族有用他们不同的文字所写出来的文学作品和通俗文章一样。

我们若想用我们自己建筑上的优良传统来建造适合于今天我们新中国的建筑，我们就必须首先熟习自己建筑上的"文法"和"词汇"，否则我们是不可能写出一篇中国"文章"的。关于这方面深入一步的学习，我介绍同志们参考清代的《工部工程做法则例》和宋代李明仲的《营造法式》。关于前书，前中国营造学社出版的《清式营造则例》可作为一部参考用书。关于后书，我们也可以从营造学社一些研究成果中得到参考的图版。

我国伟大的建筑传统与遗产①

世界上最古、最长寿、最有新生力的建筑体系

历史上每一个民族的文化都产生了它自己的建筑，随着这文化而兴盛衰亡。世界上现存的文化中，除去我们的邻邦印度的文化可算是约略同时诞生的弟兄外，中华民族的文化是最古老、最长寿的。我们的建筑也同样是最古老、最长寿的体系。在历史上，其他与中华文化约略同时，或先或后形成的文化，如埃及、巴比伦，稍后一点的古波斯、古希腊，及更晚的古罗马，都已成为历史陈迹。而我们的中华文化则血脉相承，蓬勃地滋长发展，四千余年，一气呵成。到了今天，我们所承继的是一份极丰富的遗产，而我们的新生力量正在发育兴盛。我们在这文化建设高潮的前夕，好好再认识一下这伟大光辉的建筑传统是必要的。

我们自古以来就不断地建造，起初是为了解决我们的住宿、工作、休息与行路所需要的空间，解决风雨寒暑对我们的压迫；便利我们日常生活和生产劳动。但在有了高度文化的时代，建筑便担任了精神上、物质上更多方面的任务。我们祖国的人民是在我们自己所创造出来的建筑环境里生长起来的。我们会意识地或潜意识地爱我们建筑的传统类型以及它们和我们数千年来生活相结合的社会意义，如我们的街市、民居、村镇、院落、市楼、桥梁、庙宇、寺

① 本文原连载于《人民日报》1951年2月19—20日。——左川注

塔、城垣、钟楼等等都是。我们也会意识地或直觉地爱我们的建筑客观上的造型艺术价值：如它们的壮丽或它们的朴实，它们的工艺与大胆的结构，或它们的亲切部署与简单的秩序。它们是我们民族经过代代相承，在劳动的实践中和实际使用相结合而成熟，而提高的传统。它是一个伟大民族的工匠和人民在生活实践中集体的创造。

因此，我们家乡的一角城楼，几处院落，一座牌坊，一条街市，一列店铺，以及我们近郊的桥，山前的塔，村中的古坟石碑，村里的短墙与三五茅屋，对于我们都是那么可爱，那么有意义的。它们都曾丰富过我们的生活和思想，成为与我们不可分离的情感的内容。

我们中华民族的人民从古以来就不断地热爱着我们的建筑。历代的文章诗赋和歌谣小说里都不断有精彩的叙述与描写，表示建筑的美丽或它同我们生活的密切。有许多不朽的文学作品更是特地为了颂扬或纪念我们建筑的伟大而作的。

最近在"解放了的中国"的镜头中，就有许多令人肃然起敬，令人骄傲，令人看着就愉快的建筑，那样光辉灿烂地同我国伟大的天然环境结合在一起，代表着我们的历史，我们的艺术，我们祖国光荣的文化。我们热爱我们的祖国，我们就不可能不被它们所激动，所启发，所鼓励。

但我们光是盲目地爱我们的文化传统与遗产，还是不够的。我们还要进一步地认识它。我们的许多伟大的匠工在被压迫的时代里，名字已不被人记着，结构工程也不详于文字记载。我们现在必须搞清楚我们建筑在工程和艺术方面的成就，它的发展，它的优点与成功的原因，来丰富我们对祖国文化的认识。我们更要懂得怎样去重视和爱护我们建筑的优良传统，以促进我们今后承继中国血统的新创造。

我们祖先的穴居

我们伟大的祖先在中华文化初放曙光的时代是"穴居"的。他们利用地形和土质的隔热性能，开出洞穴作为居住的地方。这方法，就在后来文化进步过

程中也没有完全舍弃，而且不断地加以改进。从考古家所发现的周口店山洞，安阳的袋形穴……到今天华北，西北都还普遍的窑洞，都是进步到不同水平的穴居的实例。砖筑的窑洞已是很成熟的建筑工程。

我们的祖先创造了骨架结构法——一个伟大的传统

在地形，地质和气候都比较不适宜于穴居的地方，我们智慧的祖先很早就利用天然材料——主要的是木料，土与石——稍微加工制作，构成了最早的房屋。这种结构的基本原则，至迟在公元前一千四五百年间大概就形成了的，一直到今天还沿用着。《诗经》、《易经》都同样提到这样的屋子，它们起了遮蔽风雨的作用。古文字流露出前人对于屋顶像鸟翼开展的形状特别表示满意，以"作庙翼翼"，"如鸟斯革，如翚斯飞"等句子来形容屋顶的美。一直到后来的"飞甍"、"飞檐"的说法也都指示着瓦部"翼翼"的印象，使我们有"瞻栋宇而兴慕"之慨。其次，早期文字里提到的很多都是木构部分，大部都是为了承托梁栋和屋顶的结构。

这个骨架结构大致说来就是：先在地上筑土为台；台上安石础，立木柱；柱上安置梁架，梁架和梁架之间以枋将它们牵联，上面架檩，檩上安椽，做成一个骨架，如动物之有骨架一样，以承托上面的重量。在这构架之上，主要的重量是屋顶与瓦檐，有时也加增上层的楼板和栏杆。柱与柱之间则依照实际的需要，安装门窗。屋上部的重量完全由骨架担负，墙壁只作间隔之用。这样使门窗绝对自由，大小有无，都可以灵活处理。所以同样的立这样一个骨架，可以使它四面开敞，做成凉亭之类，也可以垒砌墙壁作为掩蔽周密的仓库之类。而寻常房屋厅堂的门窗墙壁及内部的间隔等，则都可以按其特殊需要而定。

从安阳发掘出来的殷墟坟宫遗址，一直到今天的天安门、太和殿以及千千万万的庙宇民居农舍，基本上都是用这种骨架结构方法的。因为这样的结构方法能灵活适应于各种用途，所以南至越南，北至黑龙江，西至新疆，东至朝鲜、日本，凡是中华文化所及的地区，在极端不同的气候之下，这种建筑系统都能满足每个地方人民的各种不同的需要。这骨架结构的方法实为中国将来

① "拱"原文中"栱"字均印作"拱"——大注，在柱头上重原文此处缺一字。——左川注

的采用钢架或钢筋混凝土的建筑具备了适当的基础和有利条件。我们知道，欧洲古典系统的建筑是采取垒石制度的。墙的安全限制了窗的面积，窗的宽大会削弱了负重墙的坚固。到了应用钢架和钢筋混凝土时，这个基本矛盾才告统一，开窗的困难才彻底克服了。我们建筑上历来窗的部分与位置同近代所需要的相同，就是因为骨架结构早就有了灵活的条件。

中国建筑制定了自己特有的"文法"

一个民族或文化体系的建筑，如同语言一样，是有它自己的特殊的"文法"与"语汇"的。它们一旦形成，则成为被大家所接受遵守的方法的纲领。在语言中如此，在建筑中也如此。中国建筑的"文法"和"语汇"据不成熟的研究，是经由这样酝酿发展而形成的。

我们的祖先在选择了木料之后逐渐了解木料的特长，创始了骨架结构初步方法——中国系统的"梁架"。在这以后，经验使他们也发现了木料性能上的弱点。那就是当水平的梁枋将重量转移到垂直的立柱时，在交接的地方会发生极强的剪力，那里梁就容易折断。于是他们就使用一种缓冲的结构来纠正这种可以避免的危险。他们用许多斗形木块的"斗"和臂形的短木① 而上，愈上一层的拱就愈长，将上面梁枋托住，把它们的重量一层层递减地集中到柱头上来。这个梁柱间过渡部分的结构减少了剪力，消除了梁折断的危机。这种斗和拱组合而成的组合物，近代叫做"斗拱"。见于古文字中的，如栌，如栾等等，我们虽不能完全指出它们是斗拱初期的哪一类型，但由描写的专词与句子和古铜器上的图画看来，这种结构组合的方法早就大体成立。所以说是一种"文法"。而斗、拱、梁、枋、椽、檩、楹柱、棂窗等，也就是我们主要的"语汇"了。

至迟在春秋时代，斗拱已很普遍地应用，它不惟可以承托梁枋，而且可以承托出檐，可以增加檐向外挑出的宽度。《孟子》里就有"榱题数尺"之句，意思说檐头出去之远。这种结构同时也成为梁间檐下极美的装饰，由于古文不断地将它描写，看来也是没有问题的。唐以前宝物，以汉代石阙，与崖墓上石

刻的木构部分为最可靠的研究资料。唐时木建还有保存到今天的，但主要的还要借图画上的形象。可能在唐以前，斗拱本身各部已有标准化的比例尺度，但要到宋代，我们才确实知道斗拱结构各种标准的规定。全座建筑物中无数构成材料的比例尺度就都以一个拱的宽度作度量单位，以它的倍数或分数来计算的。宋时且把每一构材的做法，把天然材料修整加工到什么程度的曲线，榫卯如何衔接等都规格化了，形成类似文法的规矩。至于在实物上运用起来，却是千变万化，少见有两个相同的结构。惊心动魄的例子，如蓟县独乐寺观音阁三层大阁和高二十丈的应州木塔的结构，都是近于一千年的木构，当在下文建筑遗物中叙述。

在这"文法"中各种"语汇"因时代而改变，"文法"亦略更动了，因而决定了各时代的特征。但在基本上，中国建筑同中国语言文字一样，是血脉相承，赓续演变，反映各种影响及所吸取养料，从没有中断过的。

内部斗拱梁架和檐柱上部斗拱组织是中国建筑工程的精华。由观察分析它们的作用和变化，才真真认识我们祖先在掌握材料的性能，结构的功能上有多么伟大的成绩。至于建造简单的民居，劳动人民多会立柱上梁；技术由于规格化的简便更为普遍。梁架和斗拱都是中国建筑所独具的特征，在工匠的术书中将这部分称它做"大木作做法"。

中国建筑的"文法"中还包括着关于砖石、墙壁、门窗、油饰、屋瓦等方面。称作"石作做法"、"小木作做法"、"彩画作做法"和"瓦作做法"等。屋顶属于"瓦作做法"，它是中国建筑中最显著，最重要，庄严无比美丽无比的一部分。但瓦坡的曲面，翼状翘起的檐角，檐前部的"飞椽"和承托出檐的斗拱，给予中国建筑以特殊风格，和无可比拟的杰出姿态的，都是内中木构所使然，是我们木工的绝大功绩。因为坡的曲面和檐的曲线，都是由于结构中的"举架法"的逐渐垒进升高而成，不是由于矫揉造作或歪曲木料而来。盖顶的瓦，每一种都有它的任务，有一些是结构上必需部分而略加处理，便同时成为优美的瓦饰。如瓦脊、脊吻、垂脊、脊兽等。

油饰本是为保护木材而用的。在这方面中国工匠充分地表现出创造性。他们敢于使用各种颜色在梁枋上作妍丽繁复的彩绘，但主要的却用属于青绿系统的"冷色"而以金为点缀，所谓"青绿点金"，各种格式。柱和门窗则限制到只用纯色的朱红或黑色的漆料，这样建筑物直接受光面同檐下阴影中彩绘斑斓的梁枋斗拱更多了反衬的作用，加强了檐下的艺术效果。彩画制度充分地表现了我们匠师使用颜色的聪明。

其他门窗即"小木作"部分，墙壁台基"石作"部分的做法也一样由于积累的经验有了谨严的规制，也有无穷的变化。如门窗的刻镂，石座的雕饰，各个方面都有特殊的成就。工程上虽也有不可免的缺点，但中国一座建筑物的整体组合，绝无问题的，是高度成功的艺术。

至于建筑物同建筑物间的组合，即对于空间的处理，我们的祖先更是表现了无比的智慧。我们的平面部署是任何其他建筑所不可及的。院落组织是我们在平面上的特征。无论是住宅、宫署、寺院、宫廷、商店、作坊，都是由若干主要建筑物，如殿堂、厅舍，加以附属建筑物，如厢耳、廊庑、院门、围墙等周绕联络而成一院，或若干相连的院落。这种庭院，事实上，是将一部分户外空间组织到建筑范围以内。这样便适应了居住者对于阳光、空气、花木的自然要求，供给生活上更多方面的使用，增加了建筑的活泼和功能。一座单座庞大的建筑物将它内中的空间分划使用，无论是如何的周廊复室，建筑物以内同建筑物以外是隔绝的，断然划分的。在外的觉得同内中隔绝，可望而不可即，在内的觉得像被囚禁，欲出而不得出，使生活有某种程度的不自然。直到最近欧美建筑师才注意这个缺点，才强调内外联系打成一片的新观点。我们数千年来则无论贫富，在村镇或城市的房屋没有不是组成院落的。它们很自然地给了我们生活许多的愉快，而我们在习惯中，有时反不会觉察到。一样在一个城市部署方面，我们祖国的空间处理同欧洲系统的不同，主要也是在这种庭院的应用上。今天我们把许多市镇中衙署或寺观前的庭院改成广场是很自然的。公共建筑物前面的院子，就可以成护卫的草地区，也很合乎近代需要。

我们的建筑有着种种优良的传统，我们对于这些要深深理解，向过去虚心学习。我们要巩固我们传统的优点，加以发扬光大，在将来创造中灵活运用，基本保存我们的特征。尤其是在被帝国主义文化侵略数十年之后，我们对文化传统或有些隔膜，今天必须多观摩认识，才会更丰富地体验到、享受到我们祖国文化的特殊的光荣的果实。

千年屹立的木构杰作

几千年来，中华民族的建筑绝大部分是木构的。但因新陈代谢，现在已很难看到唐宋时代完整的建筑群，所见大多是硕果仅存的单座建筑物。

国内现存五百年以上的木构建筑虽还不少；七八百年以上，已经为建筑史家所调查研究过的只有三四十处；千年左右的，除去敦煌石窟的廊檐外，在华北的仅有两处依然完整地健在。①我们在这里要首先提到现存木构中最古的一个殿。

五台山佛光寺　西五台山豆村镇佛光寺的大殿是唐末会昌年间毁灭佛法以后，在公元857年重建的。它已是中国现存最古的木构②，它依据地形，屹立在靠山坡筑成的高台上。柱头上有雄大的斗拱，在外面挑着屋檐，在内部承托梁架，充分地发挥了中国建筑的特长。它屹立一千一百年，至今完整如初，证明了它的结构工程是如何科学的，合理的，这个建筑如何的珍贵。殿内梁下还有建造时的题字，墙上还保存着一小片原来的壁画，殿内全部三十几尊佛像都是唐末最典型最优秀的作品。在这一座殿中，同时保存着唐代的建筑、书法、绘画、雕塑四种艺术，精华荟萃，实是文物建筑中最重要、最可珍贵的一件国宝。殿内还有两尊精美的泥塑写实肖像，一尊是出资建殿的女施主宁公遇，一尊是当时负责重建佛光寺的愿诚法师，脸部表情富于写实性，且是研究唐末服装的绝好资料。殿阶前有石幢，刻着建殿年月，雕刻也很秀美。

蓟县独乐寺　次于佛光寺最古的木建筑是河北蓟县独乐寺的山门和观音阁。公元984年建造的建筑群，竟还有这门阁相对屹立，至今将近千年了。山门是一座灵巧的单层小建筑，观音阁却是一座庞大的重层（加上两主层间的"平座"层，实际上是三层）大阁。阁内立着一尊六丈余高的泥塑十一面观音菩萨立像，是中国最大的泥塑像，是最典型的优秀辽代雕塑。阁是围绕着像建造的。中间留出一个"井"，平座层达到像膝，上层与像胸平，像头上的"花冠"却顶到上面的八角藻井下。为满足这特殊需要，天才的匠师在阁的中心留出这个"井"，使像身穿过三层楼；这个阁的结构，上下内外，因此便在不同的部位上，按照不同的结构需要，用了十几种不同的斗拱，结构上表现了高度

① 梁思成先生撰写此文时，南禅寺尚未发现。——左川注
② 梁思成先生撰写此文时，南禅寺尚未发现。——左川注
③ 1949—1952年间，应县属察哈尔省，现属山西省。——左川注

的"有机性"，令后世的建筑师们看见，只有瞠目结舌的惊叹。全阁雄伟魁梧，重檐坡斜舒展，出檐极远，所呈印象，与国内其他任何楼阁都不相同。

应县木塔再次要提到的木构杰作就是察哈尔① 应县佛宫寺的木塔。在桑干河的平原上，离应县县城十几里，就可以望见城内巍峨的木塔。塔建于1056年，至今也将近九百年了。这座八角五层（连平座层事实上是九层）的塔，全部用木材骨架构成，连顶上的铁刹，总高六十六公尺余，整整二十丈。上下内外共用了五十七种不同的斗拱，以适合结构上不同的需要。唐代以前的佛塔很多是木构的，但佛家的香火往往把它们毁灭，所以后来多改用砖石。到了今天，应县木塔竟成了国内唯一的孤例。由这一座孤例中，我们看到了中国匠师使用木材登峰造极的技术水平，值得我们永远地景仰。塔上一块明代的匾额，用"鬼斧神工"四个字赞扬它，我们看了也有同感。

我们的祖先同样地善用砖石

在木构的建筑实物外，现存的砖工建筑有汉代的石阙和石祠，还有普遍全国的佛塔和不少惊人的石桥，应该做简单介绍的叙述。

汉朝的石阙和石祠是古代宫殿、祠庙、陵墓前面甬道两旁分立在左右的两座楼阁形的建筑物。现在保存最好而且最精美的阙莫过于西康雅安的高颐墓阙和四川绵阳的杨府君墓阙。它们虽然都是石造的，全部却模仿木构的形状雕成。汉朝木构的法式，包括下面的平台，阙身的柱子，上面重叠的枋椽，以及出檐的屋顶，都用高度娴熟精确的技术表现出来。它们都是最珍贵的建筑杰作。

山东嘉祥县和肥城县还有若干汉朝坟墓前的"石室"，它们虽然都极小极简单，但是还可以看出用柱、用斗和用梁架的表示。

我们从这几种汉朝的遗物中可以看出中国建筑所特有的传统到了汉朝已经完全确立，以后世世代代的劳动人民继续不断地把它发扬光大，以至今日。这些陵墓的建筑物同时也是史学家和艺术家研究汉代丧葬制度和艺术的珍贵参考资料。

嵩山嵩岳寺砖塔　佛塔已几乎成了中国风景中一个不可缺少的因素。千余年来，它们给了辛苦勤劳、受尽压迫的广大人民无限的安慰，春秋佳日，人人共赏，争着登临远眺。文学遗产中就有数不清的咏塔的诗。

唐宋盛行的木塔已经只剩一座了，砖石塔却保存得极多。河南嵩山嵩岳寺塔建于公元520年，是国内最古的砖塔，也是最优秀的一个实例。塔的平面作十二角形，高十五层，这两个数目字在佛塔中是特殊的孤例，因为一般的塔，平面都是四角形，六角形，或八角形，层数至多仅到十三。这塔在样式的处理上，在一个很高的基座上，是一段高的塔身，再往上是十五层密密重叠的檐。塔身十二角上各砌作一根八角柱，柱础柱头都作莲瓣形。塔身垂直的柱与上面水平的檐层构成不同方向的线路，全塔的轮廓是一道流畅和缓的抛物线形，雄伟而秀丽，是最高艺术造诣的表现。

由全国无数的塔中，我们得到一个结论，就是中国建筑，即使如佛塔这样完全是从印度输入的观念，在物质体形上却基本地是中华民族的产物，只在雕饰细节上表现外来的影响。《后汉书·陶谦传》所叙述的"浮图"（佛塔）是"下为重楼，上叠金盘"。重楼是中国原有的多层建筑物，是塔的本身，金盘只是上面的刹，就是印度的"窣堵坡"。塔的建筑是中华文化接受外来文化影响的绝好的结晶。塔是我们把外来影响同原有的基础结合后发展出来的产物。

赵州桥　中国有成千成万的桥梁，在无数的河流上，便利了广大人民的交通，或者给予多少人精神上的愉悦，有许多桥在中国的历史上有着深刻的意义。长安的灞桥，北京的卢沟桥，就是卓越的例子。但从工程的技术上说，最伟大的应是北方无人不晓的赵州桥。如民间歌剧《小放牛》里的男角色问女的："赵州桥，什么人修？"绝不是偶然的。它的工程技巧实在太惊人了。

这座桥是跨在河北赵县洨水上的。跨长三十七公尺有余（约十二丈二尺），是一个单孔券桥。在中国古代的桥梁中，这是最大的一个弧券。然而它的伟大不仅在跨度之大，而在大券两端，各背着两个小券的做法。这个措置减少了洪水时桥身对水流的阻碍面积，减少了大券上的荷载，是聪明无比的创举。这种做法在欧洲到1912年才初次出现，然而隋朝（公元581－618年）的匠人李春却在一千三百多年前就建造了这样一座桥。这桥屹立到今天，仍然继续便利着来往的行人和车马。桥上原有唐代的碑文，特别赞扬"隋匠李春""两涯穿四穴"的智巧；桥身小券内面，还有无数宋金元明以来的铭刻，记载着历代人民对他的敬佩。李春两个字是中国工程史中永远不会埋没的名字，每一位桥梁工程师都应向这位一千三百年前伟大的天才工程师看齐！

索桥　铁索桥　竹索桥　这些都是西南各省最熟悉的名称。在工程史中，索桥又是我们的祖先对于人类文化史的一个伟大贡献。铁链是我们的祖先发明的，他们的智慧把一种硬直顽固的天然材料改变成了柔软如意的工具。这个伟大的发明，很早就被应用来联系河流的阻隔，创造了索桥。除了用铁之外，我们还就地取材，用竹索作为索桥的材料。

灌县竹索桥在四川灌县，与著名的水利工程都江堰同样著名，而且在同一地点上的，就是竹索桥。在宽三百二十余公尺的岷江面上，它像一根线那样，把两面的人民联系着，使他们融合成一片。

在激湍的江流中，勇敢智慧的工匠们先立下若干座木架。在江的两岸，各建桥楼一座，楼内满装巨大的石卵。在两楼之间，经过木架上面，并列牵引十条用许多竹篾编成的粗巨的竹索，竹索上面铺板，成为行走的桥面。桥面两旁也用竹索做成栏杆。

西南的索桥多数用铁，而这座索桥却用竹。显而易见，因为它巨大的长度，铁索的重量和数量都成了问题，而竹是当地取不尽，用不竭，而又具有极强的张力的材料；重量又是极轻的。在这一点上，又一次证明了中国工匠善于取材的伟大智慧。

从古就有有计划的城

自从周初封建社会开始，中国的城邑就有了制度。为了防御邻邑封建主的袭击，城邑都有方形的城郭。城内封建主住在前面当中，后面是市场，两旁是老百姓的住宅。对着城门必有一条大街。其余的土地划分为若干方块，叫做"里"，唐以后称"坊"。里也有围墙，四面开门，通到大街或里与里间的小巷上。每里有一名管理员，叫做"里人"。这种有计划的城市，到了隋唐的长安已达到了最高度的发展。

隋唐的长安首次制定了城市的分区计划。城内中央的北部是宫城，皇帝住在里面。宫城之外是皇城，所有的衙署都在里面，就是首都的行政区。皇城之外是都城，每面开三个门，有九条大街南北东西地交织着。大街以外的土地就是一个一个的坊。东西各有两个市场，在大街的交叉处，城之东南隅，还有曲江的风景。这样就把皇宫、行政区、住宅区、商业区、风景区明白地划分规定，而用极好的道路系统把它们系起来，条理井然。有计划地建造城市，我们是历史上最先进的民族。古来"营国筑室"，即都市计划与建筑，素来是相提并论的。

隋唐的长安，洛阳和许多古都市已不存在，但人民中国的首都北京却是经元、明、清三代，总结了都市计划的经验，用心经营出来的卓越的，典型的中国都市。

北京今日城垣的外貌正是辩证的发展的最好例子。北京在部署上最出色的是它的南北中轴线，由南至北长达七公里余。在它的中心立着一座座纪念性的大建筑物。由外城正南的永定门直穿进城，一线引直，通过整个紫禁城到它北面的鼓楼钟楼，在景山巅上看得最为清楚。世界上没有第二个城市有这样大的气魄，能够这样从容地掌握这样的一种空间概念。更没有第二个国家有这样以巍峨尊贵的纯色黄琉璃瓦顶，朱漆描金的木构建筑物，毫不含糊地连属组合起来的宫殿与宫廷。紫禁城和内中成百座的宫殿是世界绝无仅有的建筑杰作的一个整体。环绕着它的北京的街型区域的分配也是有条不紊的城市的奇异的孤例。当中偏西的宫苑，偏北的平民娱乐的什刹海，紫禁城北面满是松柏的景山，都是北京的绿色区。在城内有园林的调剂也是不可多得的优良的处理方法。这样的都市不但在全世界里中古时代所没有，即在现代，用最进步的都市计划理论配合，仍然是保持着最有利条件的。

这样一个京城是历代劳动人民血汗的创造，从前一切优美的果实都归统治阶级享受，今天却都回到人民手中来了。我们爱自己的首都，也最骄傲她中间这么珍贵的一份伟大的建筑遗产。

在中国的其他大城市里，完整而调和的，中华民族历代所创造的建筑群，它们的秩序和完整性已被帝国主义的侵入破坏了。保留下来的已都是残破零星，亟待整理的。相形之下北京保存的完整更是极可宝贵的。过去在不利的条件下，许多文物遗产都不必要地受到损害。今天的人民已经站起来了，我们保证尽最大的能力来保护我们光荣的祖先所创造出来可珍贵的一切并加以发扬光大。

中国建筑师①

中国的建筑从古以来，都是许多劳动者为解决生活中一项主要的需要，在不自觉中的集体创作。许多不知名的匠师们，积累世世代代的传统经验，在各个时代中不断地努力，形成了中国的建筑艺术。他们的名字，除了少数因服务于统治阶级而得留名于史籍者外，还有许多因杰出的技术，为一般人民所尊敬，或为文学家所记述，或在建筑物旁边碑石上留下名字。

人民传颂的建筑师，第一名我们应该提出鲁班。他是公元前7世纪或公元前6世纪的人物，能建筑房屋、桥梁、车舆以及日用的器皿，他是"巧匠"（有创造性发明的工人）的典型，两千多年来，他被供奉为木匠之神。隋朝（公元581－618年）的一位天才匠师李春，在河北省赵县城外建造了一座大石桥，是世界最古的空撞券桥，到今天还存在着。这桥的科学的做法，在工程上伟大的成功，说明了在那时候，中国的工程师已积累了极丰富的经验，再加上他个人智慧的发明，使他的名字受到地方人民的尊敬，很清楚地镌刻在石碑上。10世纪末叶的著名匠师喻皓，最长于建造木塔及多层楼房。他设计河南省开封的开宝寺塔，先做模型，然后施工。他预计塔身在一百年向西北倾侧，以抵抗当地的主要风向，他预计塔身在一百年内可以被风吹正，并预计塔可存在七百年。可惜这塔因开封的若干次水灾，宋代的建设现在已全部不存，残余遗迹也极少，这塔也不存痕迹了。此外喻皓曾将木材建造技术著成《木经》一

① 本文是为《苏联大百科全书》写的专稿。全文分两部分，第一部分为中国建筑，第二部分为中国建筑师。第一部分的内容于1954年改写成《祖国的建筑》，已收入《梁思成全集》第5卷。本文只保留第二部分"中国建筑师"。——左川注

书，后来宋代的《营造法式》就是依据此书写成的。

著名画家而兼能建筑设计的，唐朝有阎立德，他为唐太宗计划骊山温泉宫。宋朝还有郭忠恕为宋太宗建宫中的大图书馆——所谓崇文院、三馆、秘阁。

此外史书中所记录的"建筑师"差不多全是为帝王服务、监修工程而著名的。这类留名史籍的人之中，有很多只是在工程上负行政监督的官吏，不一定会专门的建筑技术的，我们在此只提出几个以建筑技术出名的人。

我们首先提出的是公元前3世纪初年为汉高祖营建长安城和未央宫的杨城延，他出身是高祖军队中一名平常的"军匠"，后来做了高祖的将作少府（"将作少府"就是皇帝的总建筑师）。他的天才为初次真正统一的中国建造了一个有计划的全国性首都，并为皇帝建造了多座皇宫，为政府机关建造了衙署。

其次要提的是为隋文帝（公元6世纪末年）计划首都的刘龙和宇文恺。这时汉代的长安已经毁灭，他们在汉长安附近另外为隋朝计划一个新首都。

在这个中国历史最大的都城里，它们首次实行了分区计划，皇宫，衙署，住宅，商业都有不同的区域。这个城的面积约七十平方公里，比现在的北京城还大。灿烂的唐朝，就继承了这城作为首都。

中国建筑历史中留下专门技术著作的建筑师是11世纪间的李诫。他是皇帝艺术家宋徽宗的建筑师。除去建造了许多宫殿、寺庙、衙署之外，他在1100年刊行了《营造法式》一书，是中国现存最古最重要的建筑技术专书。南宋时监修行宫的王焕将此书传至南方。

13世纪中叶蒙古征服者入中国以后，忽必烈定都北京，任命阿拉伯人也黑迭儿计划北京城，并监造宫殿。马可波罗所看见的大都就是也黑迭儿的创作。他虽是阿拉伯人，但在部署的制度和建筑结构的方法上都与当时的中国官吏合作，仍然是遵照中国古代传统做的。

在15世纪的前半期中，明朝皇帝重建了元代的北京城，主要的建筑师是阮安。北京的城池，九个城门，皇帝居住的两宫，朝会办公的三殿，五个王府，六个部，都是他负责建造的。除建筑外，他还是著名的水利工程师。

在清朝（1644-1912年）二百六十余年间，北京皇室的建筑师成了世袭的

职位。在17世纪末，一个南方匠人雷发达应募来北京参加营建宫殿的工作，因为技术高超，很快就被提升担任设计工作。从他起一共七代，直到清朝末年，主要的皇室建筑，如宫殿、皇陵、圆明园、颐和园等都是雷氏负责的。这个世袭的建筑师家族被称为"样式雷"。

20世纪以来，欧洲建筑被帝国主义侵略者带入中国，所以出国留学的学生有一小部分学习欧洲系统的建筑师。他们用欧美的建筑方法，为半殖民地及封建势力的中国建筑了许多欧式房屋。但到1920年前后，随着革命的潮流，开始有了民族意识的表现。其中最早的一个吕彦直，他是孙中山陵墓的设计者。那个设计有许多缺点，无可否认是不成熟的，但它是由崇尚欧化的风气中回到民族形式的表现。吕彦直在未完成中山陵之前就死了。那时已有少数的大学成立了建筑系，以训练中国新建筑帅为目的。建筑帅们一方面努力于新民族形式之创造，一方面努力于中国古建筑之研究。1929年所成立的中国营造学社中的几位建筑师就是专门做实地调查测量工作，然后制图写报告。他们的目的在将他们的成绩供给建筑学系作教材，但尚未能发挥到最大的效果。解放后，在毛泽东思想领导下，遵循共同纲领所指示的方向，正在开始的文化建设的高潮里，新中国建筑的创造已被认为是一种重要的工作。建筑师已在组织自己的中国建筑工程学会，研究他们应走的道路，准备在大规模建设时，为人民的新中国服务。

中国建筑之两部"文法课本"①

每一个派别的建筑，如同每一种的语言文字一样，必有它的特殊"文法"、"辞汇"。〔例如罗马式的"五范"（Five orders），各有规矩，某部必须如此，某部必须如彼；各部之间必须如此联系……〕此种"文法"在一派建筑里，即如在一种语言里，都是传统的演变的，有它的历史的。许多配合定例，也同文法一样，其规律格式，并无绝对的理由，却被沿用成为专制的规律的。除非在故意改革的时候，一般人很少觉得有逾越或反叛它的必要。要了解或运用某种文字时，大多数人都是秉承着，遵守着它的文法，在不自觉中稍稍增减变动。突然违例另创格式则自是另创文法。运用一种建筑亦然。

中国建筑的"文法"是怎样的呢？以往所有外人的著述，无一人及此，无一人知道。不知道一种语言的文法而要研究那种语言的文学，当然此路不通。不知道中国建筑的"文法"而研究中国建筑，也是一样的不可能。所以要研究中国建筑之先只有先学习中国建筑的"文法"，然后求明了其规矩则例之配合与演变。②

中国古籍中关于建筑学的术书有两部，只有两部。清代工部所颁布的建筑术书《清工部工程做法则例》③和宋代遗留至今日一部《宋营造法式》④。这两部书，要使普通人读得懂都是一件极难的事。当时编书者，并不是编教科书，"则例"、"法式"虽至为详尽，专门名词却无定义亦无解释。其中极通

① 本文原载1945年《中国营造学社汇刊》第7卷第2期。
② 以上两段文字为1945年本文初次发表时的头两段，因1966年梁思成先生将它删掉准备重写，后因故未完成，现录于此以供参考。——林洙注
③ 《清工部工程做法则例》，清雍正十二年（1734年）颁行，本名《工程做法》。因以工部"则例"（行政法规）名义颁行，故初刊本封面题《工程做法则例》，书口仍印《工程做法》。——王世仁注
④ 《宋营造法式》，宋至民国各刊本均为《营造法式》。——王世仁注
⑤ 七十卷，应为七十四卷。——王世仁注
⑥ 最后二十四卷，应为二十七卷。——王世仁注

常的名词，如"柱"、"梁"、"门"，"窗"之类；但也有不可思议的，如"铺作"、"卷杀"、"襻间"、"雀替"、"采步金"之类，在字典辞书中都无法查到的。且中国书素无标点，这种书中的语句有时也非常之特殊，读时很难知道在哪里断句。

　　幸而在抗战前，北平尚有曾在清宫营造过的老工匠，当时找他们解释，尚有这一条途径，不过这些老匠师们对于他们的技艺，一向采取秘传的态度，当中国营造学社成立之初，求他们传授时亦曾费许多周折。

　　以《清工部工程做法则例》为课本，以匠师们为老师，以北平清故宫为标本，清代建筑之营造方法及其则例的研究才开始有了把握。以实测的宋辽遗物与《宋营造法式》相比较，宋代之做法名称亦逐渐明了了。这两书简单地解释如下：

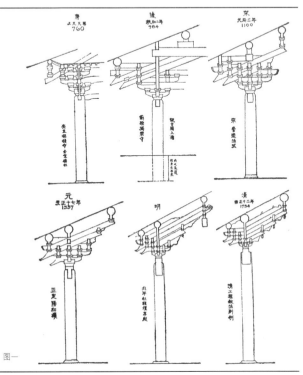

图一

　　（一）《清工部工程做法则例》是清代关于建筑技术方面的专书，全书共七十卷⑤，雍正十二年（1734年）工部刊印。这书的最后二十四卷⑥注重在工料的估算。书的前二十七卷举二十七种不同大小殿堂廊屋的"大木作"（即房架）为例，将每一座建筑物的每一件木料尺寸大小列举，但每一件的名目定义功用，位置及斫割的方法等等，则很少提到。幸有老匠师们指着实物解释，否则全书将仍难于读通。"大木作"

① "小木作"等等，所举各"作"均为宋代的《营造法式》名称，清代的《工程做法》为"装修木作"、"瓦作（大式、小式）"、"油作"、"画作"。——王世仁注
② 我曾将《清工部工程做法则例》的原则编成教科书性质的《清式营造则例》一部，于民国二十一年由中国营造学社在北平出版。十余年来发现当时错误之处颇多，将来再版时，当予以改正。——梁思成注

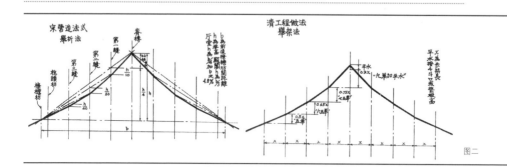

图二

的则例是中国建筑结构方面的基本"文法"，也是这本书的主要部分；中国建筑上最特殊的"斗拱"结构法（图一）与柱径柱高等及曲线瓦坡之"举架"方法（图二）都在此说明。其余各卷是关于"小木作"（门窗装修之类），"石作"、"砖作"、"瓦作"、"彩画作"等等①。在种类之外中国式建筑物还有在大小上分成严格的"等级"问题，清代共分为十一等；柱径的尺寸由六寸可大至三十六寸。此书之长，在二十七种建筑物部分标定尺寸之准确，但这个也是它的短处，因其未曾将规定尺寸归纳成为原则，俾可不论为何等级之大小均可适应也②。

（二）《宋营造法式》宋代李诫著。李诫是宋徽宗时的将作少监；《宋营造法式》刊行于崇宁三年（1100年）③，是北宋汴梁宫殿建筑的"法式"。研究《宋营造法式》比研究《清工部工程做法则例》又多了一层困难；既无匠师传授，宋代遗物又少——即使有，刚刚开始研究的人也无从认识。所以在学读《宋营造法式》之初，只能根据着对清式则例已有的了解逐渐注释宋书术语；将宋清两书互相比较，以今证古，承古启今，后来再以旅行调查的工作，借若干有年代确凿的宋代建筑物，来与《宋营造法式》中所叙述者互相印证。换言之亦即以实物来解释《法式》，《法式》中许多无法解释的规定，常赖实物而得明了；同时宋辽金实物中有许多明清所无的做法或部分，亦因法式而知其名称及做法。因而更可借以研究宋以前唐及五代的结构基础。

《宋营造法式》的体裁，较《清工部工程做法则例》为完善。后者以二十七种不同的建筑物为例，逐一分析，将每件的长短大小呆呆板板地记述。

③ 《宋营造法式》刊行于崇宁三年（1100年），笔误。应为成书于元符三年（1100年），刊行于崇宁二年（1103年）。——王世仁注

④ 民国十七年，朱桂辛先生在北平创办中国营造学社。翌年我幸得加入工作，直至今日。营造学社同人历年又用《四库全书》文津、文溯、文渊阁各本《营造法式》及后来在故宫博物院图书馆发现之清初标本（标本，笔误，应为抄本。——王世仁注），相互校，又陆续发现了许多错误。现在我们正在作再一次的整理，校刊注释，图样一律改用现代画法，几何的投影法画出。希望不但可以减少前数版的错误，并且使此书成为一部易读的书，可以予建筑师以设计参考上的便利。——梁思成注

《宋营造法式》则一切都用原则和比例做成公式，对于每"名件"，虽未逐条定义，却将位置和斫割做法均详为解释。全书三十四卷，自测量方法及仪器说起，以至"壕寨"（地基及筑墙），"石作"、"大木作"、"小木作"、"瓦作"、"砖作"、"彩画作"、"功限"（估工）、"料例"（算料）等等。一切用原则解释，且附以多数的详图。全书的组织比较近于"课本"的体裁。民国七年，朱桂辛先生于江苏省立图书馆首先发现此书手抄本，由商务印书馆影印。民国十四年，朱先生又校正重画石印，始引起学术界的注意⑥。

"斗拱"与"材"，"分"及"斗口"等则例显示中国建筑是以木材为主要材料的构架法建筑。《宋营造法式》与《清工部工程做法则例》都以"大木作"（即房架之结构）为主要部分，盖国内各地的无数宫殿庙宇住宅莫不以木材为主。木构架法中之重要部分，所谓"斗拱"者是在两书中解释得最详尽的。它是了解中国建筑的钥匙。它在中国建筑上之重要有如欧洲希腊罗马建筑中的"五范"一样。斗拱到底是什么呢？

（甲）"斗拱"是柱以上，檐以下，由许多横置及挑出的短木（拱）与斗形的块木（斗）相叠而成的（图一）。其功用在将上部屋架的重量，尤其是悬空伸出部分的荷载转移到下部立柱上。它们亦是横直构材间的"过渡"部分。

（乙）不知自何时代始，这些短木（拱）的高度与厚度，在宋时已成了建筑物全部比例的度量。在《营造法式》中，名之曰"材"，其断面之高与宽作三与二之比。"凡构屋之制，皆以'材'为祖。'材'有八等（八等的大小）。……各以其材之'广'分为十五'分'，以十'分'为其厚"（即三与二之比也）（图三）。宋《营造法式》书中说："凡屋宇之高深，名物之短长，曲直举折之势（即屋顶坡度做法）（图二），规矩绳墨之宜，皆以所用材之'分'以为制度焉。"由此看来，斗拱中之所谓"材"者，实为度量建筑大小的"单位"。而所谓"分"者又为"材"的"广"内所分出之小单位。他们是整个"构屋之制"的出发点。

清式则例中无"材"、"分"之名，以拱的"厚"称为"斗口"。这是因为拱与大斗相交之处，斗上则出凹形卯槽以承拱身，称为斗口，这斗口之宽度自然同拱的厚度是相等的（图三）。凡一座建筑物之比例，清代皆用"斗口"

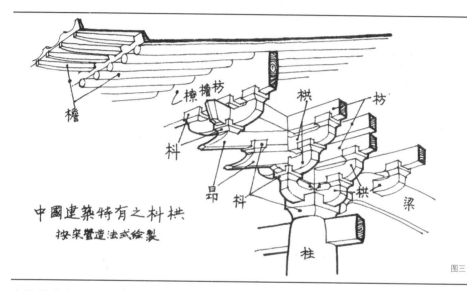

中國建築特有之枓栱
按宋營造法式繪製

檐

椽 撩枋

枓

枓

昂

枓

栱

栱

枋

梁

柱

图三

之倍数或分数为度量单位（例如清式柱径为六斗口，柱高为六十斗口之类）。这种以建筑物本身之某一部分为度量单位，与罗马建筑之各部比例皆以"柱径"为度量单位，在原则上是完全相同的。因此斗拱与"材"及"分"在中国建筑研究中实最重要者。

斗拱因有悠久历史，故形制并不固定而是逐渐改的。由《营造法式》与《工程做法则例》两书中就可看出宋清两代的斗拱大致虽仍系统相承，但在权衡比例上就有极大差别——在斗拱本身上，各部分各名件的比例有差别，例如拱之"高"（即法式所谓"广"），《宋营造法式》规定为十五分，而"材上加栔"（栔是两层拱间用斗垫托部分的高度，其高六分）的"足材"，则广二十一分；《清工部工程做法则例》则足材高两斗口（二十分），拱（单材）高仅1.4斗口（十四分）；而且在柱头中线上用材时，宋式用单材，材与材间用斗垫托，而清式用足材"实拍"，其间不用斗。所以在斗拱结构本身，宋式呈豪放疏朗之像，而清式则紧凑局促（图四）。至于斗拱全组与建筑物全部的比例，差别则更大了（图一）。因各个时代的斗拱显著的各有它的特征，故在许多实地调查时，便也可根据斗拱之形制来鉴定建筑物的年代，斗拱的重要在

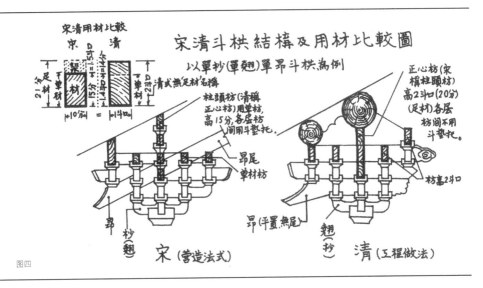

图四

中国建筑上如此。

　　"大木作"是由每一组斗拱的组织，到整个房架结构之规定，这是这两部书所最注重的，也就是上边所称为我国木构建筑的文法的。其他如"小木作"、"彩画"等，其中各种名称与做法，也就好像是文法中字汇语词之应用及其性质之说明，所以我们实可以称这两部罕贵的术书作中国建筑之两部"文法课本"。

第二部分

　　我们的旅途本身同样是心情沉浮不可期的探险。身体的苦楚被视做当然，我们常在无比迷人而快乐的难忘经历中锐感快意。

我们的 "旅行" [1]

―――――――――――――――――――――
―――――――――――――――――――――
―――――――――――――――――――――
―――――――――――――――――――――
―――――――――――――――――――――
―――――――――――――――――――――
―――――――――――――――――――――
―――――――――――――――――――――
―――――――――――――――――――――

过去九年间，我参加的中国营造学社经常派出野外考察小分队，由一名资深研究人员带队，在乡间探觅古代遗迹。这种考察每年两次，每次为时两到三个月。我们的最终目标是编撰一部中国建筑的历史，过去的学者们实未涉足这一课题。典籍中的材料寥寥无几，我们必须去搜寻实际遗例。

迄今为止，我们到过十五个省，二百多个县，研究过两千余处遗迹。作为技术研究部门的主管，我得以亲临这些遗迹中的大多数。我们的目标尚遥不可期，但是我们发现了一些极重要的材料，或许普通读者也会对之深感兴趣。

任凭自然与人类肆意毁坏的中国木建筑

欧洲建筑主要取材于石料，与此不同，中国建筑是木构的，这种材料极易受损。纵有砖石建筑，亦以砖或石材模仿木建筑的结构形式。因而，学生的首要任务便是熟悉木构体系。就像研习欧洲建筑之前必先研习维诺拉[2] 一样。同样，在野外考察时，学生必将主要精力集中于木结构上。他实际上是在与时间赛跑，因为这些建筑无时无刻不在遭受着难以挽回的损害。在较保守的城镇里，新潮激发了少数人的奇思异想，努力对某个 "老式的" 建筑进行所谓的 "现代化"，原先的杰作随之毁于愚妄。最先蒙受如此无情蹂躏的，总是精致

① 本文是梁思成为外国读者写的英文稿，写于1940年，未曾发表。另据费正清夫人费慰梅女士所著《梁思成与林徽因》一书第11章的注释，费慰梅亦保存有本文打字稿，并注明该文1940年写于昆明（Wilma Fairbank:《liang and lin》University of Pennsylvania Press, Philadephia, 1994.p.199）。本文的部分内容后来整理成《中国最古老的木构建筑》及《五座中国古塔》两篇文章，分别发表于英文《亚洲杂志》1941年7月号和8月号，见本书。——林鹤、李道增注
② vignola，意大利建筑师，五柱式建筑的创造者。——林鹤、李道增注

的窗牖、雕工俊极的门屏等物件。我们罕有机会心满意足地找到一件真正的珍品，宁静美丽，未经自然和人类的损伤。一炷香上飞溅的火星，也会把整座寺宇化为灰烬。

此外还有日本侵略战争的威胁，它是如此不请自来，例证了人类的残忍和毁灭性。日本军阀全然不知珍爱与保存古迹，尽管照理说他们的国民也应该和我们一样，对我们古老的文化特别地热爱与敬重，因为这也是他们自己的文化的源泉。早在1931年、1932年，日军的炮声一天近似一天，我的旅行就多次被迫蓦然中止。显然，我们还能在华北工作的时日有限了。我们决定，抓紧最后的机会，竭尽全力考察这个地区。近三年半来，当时这令人难过的预感已成惨痛的事实。目前，营造学社的机构迁至中国西南边陲，北方的土地遭受着敌军铁蹄的践踏，我们的怀念和关注与日俱增，曾经在那里进行过的野外考察的记忆愈发鲜活而亲切。

我们的旅行

一年四季，出行之前都要在图书馆里认真进行前期研究。根据史书、地方志和佛教典籍，我们选列地点目录，盼望在那里有所发现。考察分队在野外旅行中就依此目录寻访。必须找到与验明目录上的每一条，并对尚存者进行测绘和拍照。

旅行中的寻获和发现极多，其趣味与意义各有千秋。时常，我们从文学典籍中读到某个古代遗迹的精妙景致，但满怀期望的千里朝拜只找到一堆荒墟，或许尚余零星瓦片和雕石柱础聊充慰藉。

我们的旅途本身同样是心情沉浮不可期的探险。身体的苦楚被视做当然，我们常在无比迷人而快乐的难忘经历中锐感快意。旅途常像古怪的、拖长了的野餐，遇到滑稽而惨痛的麻烦时，既惶急无比，又乐不可支。

不比耗费巨资的考古探险队、追踪狮虎的猎人，抑或任何热带与极地的科学探险队，我们的旅途中仪器奇缺。除了测绘和摄影的仪器以外，我们的行囊里，最常见的装备多由队员们根据经验，在家自行设计改装而成。像电工包似

的旅行背包，就是我们最心爱的宝贝，登上一座建筑物任何部位的高处工作时都可以背着它，里面什么都可以装，从一团绳子，到可以变成一根刚硬的长钓竿状的伸缩竿。我们遵奉《爱丽丝漫游仙境》里著名的白骑士的哲学，深信在急难中万物皆有用，于是不惜离开马背，以便多运些装备。

日复一日，我们扎营、举炊和食宿的条件悬殊，交通方式亦全无定式，从最古旧离奇的，到比较现代普通的，无奇不有，而我们最看重的莫过于形形色色奇特的、颠簸的老式汽车。

除建筑而外，我们常会不期而遇有趣的艺术品或民族用品——各地的手工艺品、偏僻小镇的古戏、奇异的风俗、五光十色的集市，诸如此类——但是，由于胶卷匮乏，我难得随心所欲地拍摄这些东西。我的多数行程都有我的妻子相伴，她也是一名建筑师。此外她更是作家，深爱戏剧艺术。因此，她比我更会转移注意力，热切地坚持不惜代价地拍摄某些主题。归程之后，我总是庆幸获得了这些珍贵照片，其中的景色与建筑原本可能被忽略。但是，途中遇到的许多趣物趣事无法逐一细述。限于篇幅，在此我只能从我们的探索与研究当中，信手拈来若干最精彩的部分作一说明。

北平的皇宫

很自然，我最早从北平的皇宫开始进行"野外考察"，营造学社的办公室就妥帖地安置在其中一角的院落里。然而，测绘整个宫殿群的完整计划直至若干年后方得施行。由于西方世界已经熟知了故宫，而且我们的"发现"主要是技术性的，在此不做详论。

蓟县观音阁

由城墙拱卫着的蓟县去北平东约五十英里①。1932年春，我首次目睹此地的一座木构，其比例迥异于满族宫殿，后者建造时所依据的主要是1733年敕令发布的一整套"法式"。那次难忘的旅程是我第一次体验远离主要交通干线，

① 本文中"英里"、"英尺"等度量单位据原文均为英制，但根据梁思成中文著作比较，应为中国度量单位"里"、"尺"。下同。——林鹤、李道增注

远离北平和上海这类大都市。如果是在美国，老式的福特T型车早就只能卖作废铁了，而在北平和小城之间，它还被用作定期的——毋宁说是不定期的——交通工具。出北平东门数英里以外，我们来到了箭杆河。河水的宽度在旱季萎缩至不足三十英尺。但是，细沙的河床大约宽达一英里半。乘船渡过主流以后，汽车陷入松软的地面寸步难行。我们这些旅客只得帮着把这辆老破车推过整个河床，同时引擎轰鸣，后轮疯转，把细河沙掀得我们满眼满鼻。此后尚有其他崎岖路段，我们不得不反复地从汽车里跳上跳下。五十英里的路程耗时三个小时不止。但那真是刺激有趣。那时我尚懵然不知，今后数年我会习于这样的奔波且安之若素。

观音阁与塑像

我此行的目标是独乐寺的观音阁。它高耸于城墙之上，遐迩可见。远观时愈觉其活力与祥和。那是我首次看见一座真正古趣盎然的建筑（图一、图二）。

观音阁建于公元984年。彼时宋朝初立，而此地尚为凶悍的辽人所踞。观音阁分两层，其间夹有平座一层。中国建筑用独有的结构体系"斗拱"支撑出檐，在此为一系列巨大而简洁的双下昂。其下支柱中段微凸，顶上是深远的屋檐。环绕上层的平座同样由这种"斗拱"支撑。于是，它们构成了三条基本上

图一、图二

是结构性的饰带。这些与后世的直柱、细小密集的斗拱形成了鲜明对照。凡熟悉敦煌石窟中唐代壁画者，均感觉它与那些壁画中的殿宇惊人地相似。

观音阁中有一庞大泥塑，为高达六十英尺的十一面观音。靠上的两层阁板只得在中央留出空腔，在像股及像胸的高度上形成展廊状空间。这是迄今中国已知的现存最大泥塑像（图三、图四）。

顺便提及，这座观音阁和它前面的山门（图五）——我最早的两个发现——在营造学社的记录中长期保持为最古的木构，且其年代记录一直未被打破，直到1937年7月初我偶遇一座唐代建筑；数日后，现正进行的中日战争就爆发了。

① 清·王昶辑，《金石萃编》，卷一百二十三，宋一，"正定府龙兴寺铸铜像记，乾德元年五月"。——林鹤、李道增注
② 此处原文Fu—t'o River，据《金石萃编》记载碑文应为颒龙河。——林鹤、李道增注

一座七十英尺高的铜像

精彩的隆兴寺位于北平——汉口铁路线上的正定。这处寺宇建于6世纪，在以往十三个世纪里，它曾相继经历过多次的倾圮与重建。群殿之间，几座宋代（公元960－1127年）的建筑至今犹存。一个天主教的传教团住在这群古建筑旁，上世纪时哥特式天主教堂赫然拔地而起，替代了一度坐落于此的乾隆皇帝的行宫。

隆兴寺最醒目处是它巨大的四十二臂青铜观音像（图六），约七十英尺高，立于雕工精美的大理石宝座上。其上原覆有一座三层阁，曾在18世纪大举修葺过，但目前已复倾颓，阁上部消失得无影无踪，露天而立的菩萨像上，四十只"多余的手臂"都不见了。

庙中一座石碑记载了铸造铜像的传奇①。宋朝的开国之君太祖皇帝在一次征战中驾临正定，欲拜谒此处著名的铜像，据说该像高达四十英尺。太祖是一个虔诚的佛教徒，听说铜像已于几年前被毁，他深感痛心。此后，庙后菜园"常放赤光一道时人皆见"。随即"天降云雨于五台山北冲刷下枋栏约及千余条于颒龙河② 内一条大木前面拦住"，停在了正定。狂热的信徒得出的结论是，"五台山文殊菩萨送下木植来与镇府大悲菩萨盖阁也！"

皇帝见此奇迹龙颜大悦，敕令新铸铜像。宣派八作司十将及铸钱监内差负责建阁铸像。下军三千人工役于阁下。

碑上记载亦提及，"留六尺深海子自方四十尺，海子内栽七条熟铁柱，……海子内生铁铸满六尺"。菩萨像的设计"三度画相仪进呈方得圆满"。铸造分七段而成。完工后的塑像"举高七十三尺"。工程"至开宝四年七月二十日下手修铸"（公元971年），但是完工的日期在石碑上未见提及。

我们上次探访此地时。犹见三层阁的零星遗构，混于后世修葺部分之间。后来，虔诚而愚妄的住持"翻新"了观音像。我所心爱的铜绿被覆以一层艳丽的原色油漆，菩萨像变成了丑陋不堪的巨偶。见此惟有自我开解，油漆不耐光阴，也许熬不过一个世纪！为遮蔽这座装点一新的神像，建造了一座佛龛，高度类于梵蒂冈的大松球龛。

1937年秋，正定遭日军猛烈炮轰，随即沦陷。塑像的命运存疑。

图六

① 作者的一篇文章《中国古代的开拱桥》于1938年2月与3月发表于《铅笔尖》上。——作者注

"华塔"

正定城内另有四塔。其中一座金代砖塔"华塔"，得名于其繁复外形（图七）。其平面呈八角形，四正面辟门。四隅面各附以六角形单层子塔。抹灰外墙模仿木构建筑的柱、梁与斗拱。塔尖装饰丰富，有高浮雕的大象、狮子和小型的单层窣堵坡。印度的窣堵坡和中国式宝塔浑然融合为一，有点不伦不类，但并不太坏，它集中体现了"五塔"的组合方式。日后的所有旅程再也未曾遇见类似的建筑。它是中国建筑保存下来的一个孤例。

图七

6世纪的开拱桥

青铜巨像所在的正定县城外，去城西南四十英里许，是中国古迹中最惊人的桥梁工程作品。赵县的"大石桥"①，我不是通过精研典籍，而是由一首妇

图八

孺皆知的民歌指引。发现了这座精妙绝伦的桥梁。我以为它只是又一座在中国俯拾即是的普通拱桥。但是，它的单拱跨度将近一百二十英尺，两端各有两个比较小的空撞券①（图八、图九）。面对此桥，几乎不敢相信自己的眼睛。它完全相仿于当代工程里所谓的"开拱桥"！

如此建造方法直至本世纪方才普遍运用于西方，尽管法国曾在14世纪出现过一个例子。但是，这座中国桥建于隋代之初，公元591年至599年之间。一本考古典籍记载，其中一个桥墩上一度镌刻着建桥者李春的签名。后为时光剥蚀。但我们依旧可以看见自唐（公元618－906年）以降心怀崇敬的无数过客的名号。有一段铭文引用了唐时一位中书令的话，特地提及了两端非凡的小券和建桥者的名字。中国古代很少会有建筑师或工匠得获荣名，因此这样特地的提及多少可以证实，这座桥的造法与式样不是沿袭当时的定式，而是天才的独创。

虽已历时十三个半世纪，这高贵的建筑物看去犹如最新型的超级摩登桥梁。若非上面那些不同年代的铭记，它极其古老的年代简直令人难以置信。据我所知，它是中国尚存最古老的桥梁。

同一县城里尚有另外一座桥，设计相仿而尺寸远逊，名为"小石桥"。建

① 梁思成著《中国建筑史》中称"空撞券"，现通称敞肩拱。——林鹤、李道增注

图九

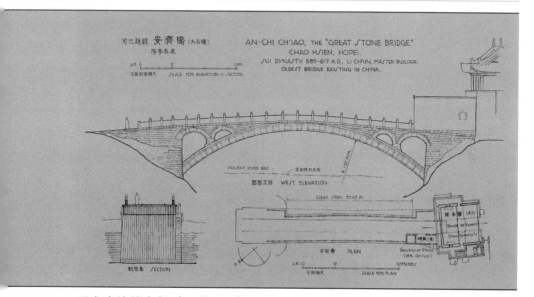

于女真族的金朝（12世纪末），由一名女真人褒钱而建造。它显然是"大石桥"的摹本。即以那时论，它也比法国的单拱桥提早百年不止。

古老的"中原"河南省

河南省在中国向以"中原"闻名，几千年来，它是中国文明与文化的中心。得天下关键处即在中原，乃兵家必争之地。中国历史上，大多数重要战役都在这个著名的舞台上演。早在基督教兴起之前一个世纪，河南的重镇、历朝故都洛阳，就建起了中国的第一座寺庙。溯河上行至河南群山间，我们发现了一些最恢弘的佛教遗迹。

中国最古老的砖塔

古老的嵩岳禅寺位于登封县的中岳嵩山里。殿宇之间，最不凡的宝塔卓然而立。它建于公元523年，是中国目前现存最古老的砖塔（图十）。

图十 图十一、图十二

寺宇原为北魏孝明帝的夏季别墅，当时正是第一次兴佛时期。为孝明帝的母亲即皇太后禳病而建此塔。此后一千四百年里，它为她带来绵绵至福。凸肚形塔身外廓略如现代的炮弹壳形，既秀丽又雄浑。它的平面独特，呈十二角形，与当时常见的正方形平面、后世的八角形平面都不同。

塔身有十五层，也是一个罕见的特点。阶基之上，矗立着高耸的首层塔身，其上有十五层出檐或称屋檐。虽然人们把它看成是十五层，但是这样的屋顶设计也许叫做一层塔身、十五层出檐更加恰当。首层塔身各隅立多边形倚柱一根，柱头垂莲饰（图十一、图十二）。四正面砌圆券门，其拱背形似莲瓣，在起拱线处以涡形图案收束。其余八面俱有佛龛，状如单层、四门、方形平面的四门塔。无疑龛内原有佛像，现早已荡然无存。建筑母题确切无误地显示出印度的影响。大塔的总体构图是日后中国普通佛塔外形之祖。

① 梁思成著《中国建筑史》中称"观星台",即今之观象台。——林鹤、李道增注
② 一元尺约合23.9厘米或9$\frac{7}{16}$英寸。——作者注

古观星台①

去嵩山不远,告成镇有中国少数古观星台之一。这处周公测景台为元代(公元1280－1376年)郭守敬所建(图十三)。

在水平面上立起一根垂直的立表,通过测量日影可以算出太阳年的确切时

图十三

间。建此台的目的是立起高达四十元尺② 的立表。此台北侧,有一直漕。圭面长一二八元尺,为一长条石或石台,上有通长水渠。注水其中则可获完美的水平面。台顶有一小屋,为后世加建,与其原本用途毫无关系。除此而外,这座观星台完全符合《元史·天文志》中的描述。

这座珍贵的遗迹形似城门,立于广阔平坦的原野上。1936年,蒋介石总司令下令修复,营造学社担任了技术监理。

中国的两千年皇城西安

西安是陕西省的省会,古代的"长安"。从公元前1132年至公元906年,中国的皇都几乎毫无间断地设在此地。尤其毗邻西安一带。该省的历史遗迹极

其丰富。每个朝代的开国君主都视此都城为必得之物，因此它罕有机会逃脱战祸；每逢改朝换代，它似乎理所当然地要遭受灭顶之灾。因而，后人已经见不到任何有年代可考的木构建筑。然而尚存无数有历史意义的残迹。如更早期的汉代宫殿与陵墓的废墟等，当令研习建筑历史的学生深感兴趣。

方圆一千五百英里的陵墓区

在丰富的历史遗址当中，周、汉、唐诸代的陵墓值得一提。它们位于西安的西侧，咸阳、兴平和武功县境内，在方圆达三四十英里的区域，隆起无数庞然土堆。这些帝王、公主、文臣武将的陵墓陆续建于以往两千年。其平面多为方形。立面多为梯形，像似巨型石室坟墓。可以确知有些墓主是历史上某个人物，但是大多数陵墓的主人尚待考证。

最有趣的一座陵墓属于汉代远征匈奴的征服者——大将军霍去病（公元前2世纪）。在他身后，汉武帝敕令建陵如祁连山形，他曾在那里赢得最伟大的胜利。这是唯一饰以岩石的陵墓。在此发现的几件花岗岩石雕，描摹着这位武士的征战生涯。最著名的一件是"马踏匈奴"（图十四），已经介绍给了西方世界。最近的挖掘又有新的发现。看来雕刻家善于利用大石材的天然形状，以此雕作栩栩如生的人像，出奇地相似于史前巨石碑。而对动物，艺术家的认识似乎更加深刻且有所不同，例如大环眼的牛像所体现的。

图十四　　　　　　　　　图十五

① 据史书记载应为十七年，详见《五座中国古塔》一文之注脚。——王世仁注

距霍去病墓约十五英里外，是唐代的武后之父那顾盼自雄的陵墓。神道两侧俱为麒麟、狮子、马和军民侍役（图十五）。此类布置亦见于后世皇家陵墓。唐代的雄浑和工艺无与伦比。但是此地的雕像似觉对动物缺乏认识，逊于汉代的动物雕刻。

中国最伟大的僧人与朝圣者玄奘的纪念碑

西安四外，无数唐代佛教遗迹遍布乡间。其中以大雁塔和小雁塔最为著名。它们耸立在广袤的原野上，去城南二英里许，彼此相距二英里许。它们均建于唐代，以大雁塔略早亦更重要。它矗立在慈恩寺中，古人建之以收藏佛经。

公元652年，玄奘大和尚首建五层塔。据说，大师朝印度十九年①，归国后获皇帝敕令建此塔，收藏他带回的经书。破土动工的那一天，他把第一铲土洒在自己的肩上，绕场三周，喃喃祝祷。不幸的是，此塔刚刚建成，就罹于战祸，在公元701年至705年间得以重建，并且建作十层。现存塔为七层（图十六）。

塔平面作正方形。通体砖构，每层外壁均有扁柱和阑额，饰以精细的浮雕和出檐。大雁塔的总体轮廓在中国其他地方不太常见。与常见的凸肚形秀丽外形不同，它的上方诸层以强硬的斜线收分。它的形象明确而庄严，是对伟大的朝圣者及学者最恰当的纪念。

图十六

中国的圣地

　　山东省在周朝时是齐国和鲁国，后来成了孔夫子的故乡。今曲阜城内有圣人庙。也许举世再无另一建筑工程能够夸口其历史更为久远。孔夫子逝于公元前479年，一些门生在他身后维持乃师的居处如其生前状况。在此定时拜祭。三间屋的简朴住处在后世逐渐演变为尊严的象征。自汉代以降，一件国家大事就是，不仅要有序地维护圣地，而且要将圣人的后裔封为世袭贵族"公"。两千年来，孔庙日益扩大、日渐复杂，直至今日，它覆盖了曲阜城墙内三分之一的区域。

　　在孔庙建筑群中有无数石碑，记录了孔府和孔庙自汉而今发生的大事。然现存建筑物中，最古老的碑亭，其纪年亦只及女真族的金代（1195年）。楼宇多建于明弘治年间（约1500年），最重要的代表是奎文阁，或称"书楼"（图十七）。祭祀孔夫子巨像处为大成殿，它的大理石雕刻石柱美丽精致，西方人因此熟悉了它（图十八、图十九）。而在研习中国建筑历史的学生目中，这座建于1730年的大殿并没有独到的意义，除非作为实施1733年"法式"的佳例。

图十七　　　　　　　　图十九

图十八

殿内享祀者除孔夫子外，尚有七十二门徒"配享"在侧。大成殿前，于天井两侧厢房供奉大量灵位，其上神主均为两千年间的硕儒或良臣。历年历代，由皇帝敕令庄严地批准这些人选。一位儒者身后的哀荣莫过于此。

左跨院内大殿祭祀孔夫子上五代先祖，右跨院内祭祀夫子考妣。大成殿后设一殿专供其妻。孔庙建筑群另有其他多种仪式功能。整个建筑群前面，层层天井与重门使得孔庙的入口无比醒目。

作为一个整体，孔庙出色地例证了中国规划思想，而且，在世界历史上，可能亦无他处能与它的持续发展相提并论。

1935年，中国政府计划再次大规模修缮孔庙，我有幸入选为负责修缮的建筑师。但是，日军开始入侵华北，计划被迫搁置。如今，曲阜城和孔庙一起落入了日军掌中。现由民国政府授职"祀圣高级专员"的圣人七十七世孙、衍圣公孔德成飞去了重庆，他恪守先祖尽忠国家的教诲，不愿落入日本人手中，成为政治工具。

一座小石塔：类中最古之一例

图二十

孔庙而外，山东省另有一些有趣的遗迹。位于济南南部三十英里外的群山之间，至要而罕为人知的一座单层小石塔，即为神通寺的四门塔（图二十）。我们沿山间石径愉快地奔波终日，当令的山花和初夏的馥郁气息令人愉快，遥望天边连绵的山形起伏不定，在东岳泰山背后，我们来到了一处人迹罕至之地。

小石塔内一尊石像的纪年为公元544年。因此这是中国同类宝塔

中最古老的一座。初一看去，其短拙令人误认它为一座方亭，中立方墩，四面辟有拱券门道。顶为退台式方锥形，上有攒尖宝刹，基本上是印度式窣堵坡的缩影。

我根据对大量中国塔的研究得知。中国宝塔有趣地组合了中国原有的多层楼阁，而以印度窣堵坡踞乎其上。神通寺的四门塔是这种结合最早，最简单的例子，应该占据中国宝塔发展史中最突出的地位。

四门塔立身的石壁俯视深谷，上有若干唐代造像，维护至善。罕有刻像状况不佳。早年的斧凿线条尚深刻清晰，与一千二百年前刻工方完时并无二致。它们属唐代最高的雕刻成就之列。在益都、临朐、济南及山东他处，尚存隋唐时期的窟崖石刻。但我在此只能一笔带过。

佛教石窟造像

中国崖壁间的佛教石窟造像是中国艺术里最重要的一章，惜乎襄日为国人所忽视。古人的方志和游记对此类遗迹常一笔带过，儒者有时竟至于轻藐以对。佛教造像，或毋宁说任何种类的雕塑，从未被国人目为艺术，士大夫辈不齿为此花费心思。直到近年，国人才开始发现这些遗迹之伟大，并且还雕塑艺术以应有的重视。

云冈石窟

关心中国雕塑艺术的人，或以云冈为最令人激动之地。它位于武周河岸，去大同十英里许。1935年，铁路局由北平通汽车至大同，旅行者辄易于抵此北魏国都（公元386－534年）。但是，我的头几次探访尚在此前的骡车年代里。接近云冈的时候，艰涩的车行不得不颠簸于一里又一里犬牙交错的倾斜石面上。这种经历终生难忘。

垂直的砂石质崖壁高约一百五十英尺，一英里长，被无数石窟和佛龛镂空。里面有数以千计的佛教诸神之像。其中，五座巨型塑像高约七十英尺，

① 此处原文"孝武帝"（Hsiao—wu—ti），然梁著《中国建筑史》等各处均为"文成帝"，疑为当年笔误，据诸本改。——林鹤、李道增注

图二十一

为履及北平和云冈的旅客所熟知。崖壁脚下的村落目前约有人口二百。一些石窟竟至于被村民占据，成为方便现成的居家。但是，依据旧时记载，我们很容易想见当日寺宇居鼎盛时何其宏伟壮丽。

我们第一次探访期间，在庙里住了几天。我们极其沮丧地发现，连最简单的食物亦无处可觅。最终，我们用了半打大头钉，从派驻此地的一支小部队的排长手里换得几盎司芝麻油和两棵卷心菜！

云冈石窟始建于北魏文成帝时期（公元454年）①。石刻群像是中国早期佛教艺术最重要的遗例。石崖表面随机散布石窟与佛龛。上自帝王下至庶民，均可随意各择尺寸位置，凿龛造像为至爱祝祷。云冈的造像活动持续了半个世纪，至公元494年魏室南迁定都洛阳时，方兀然中止。

云冈的石窟有若干庞大卓异者。有些带有前廊。窟殿中心通常有一中央塔柱，是印度支提塔的中式翻版，为中国石窟模仿的蓝本（图二十一）。我们在此发现了"希腊—佛教"的元素相互掺杂。有些柱上坐斗甚至如同爱奥尼式卷纹的柱头，而中国本土的斗拱灵活地变形为波斯"双牛"的兽形柱头

图二十二   图二十三

母题（图二十二、图二十三）。然建筑物大体仍为中式。我们从这些石窟里采得北魏木构建筑的大量资料，这段时期迄今尚无实际遗例。中国各地后世出现了大量石窟，除了太原附近的天龙山石窟以外，无一如早期石窟般具有如此丰富的建筑处理细节。

龙门石窟

在研习中国雕塑者目中，洛阳南面十英里的龙门石窟当与云冈石窟同等重要。当北魏鲜卑族从大同迁都至此时，造像艺术亦随之而来。伊河两岸连绵的石灰石崖壁为雕刻作品之上佳基址。造像活动始于公元495年，持续时间逾二百五十年而不止。

早期石窟造像具有和云冈相似的古雅感觉——主要形式为圆雕。雕像的表情异常静谧而迷人。近年来，这些雕像遭到古董商的恶意毁坏，最杰出的作品流落到了欧美的博物馆中。

龙门最不朽的雕像群成于武后时，即公元676年开凿卢舍那龛（图

图二十四

二十四）。据一处铭文记载，皇后陛下颁旨所有宫人捐献"脂粉钱"为基金，雕刻八十英尺高的坐佛、胁侍尊者、菩萨及金刚神王。群像原覆以面阔九楹的木构寺阁，惜早已不存。但崖上龛壁处尚有卯孔和凹槽历历在目，明确指示出屋顶刻槽的位置和许多梁栿的位置。

与云冈不同，逾百龛壁上铭文无数，记录了功德主的名字与捐献日期，便于确认大多数雕像的年代。然而，从建筑考古的角度来看，龙门石窟的重要性远逊于云冈石窟。

除龙门石窟以外，河南境内尚有其他早期石窟，较大者有磁县、浚县及巩县各处。作为组群，其规模与重要性都不如龙门石窟和云冈石窟。

天龙山石窟

山西首府太原西北四十英里许，有天龙山石窟，它为研究北齐与北魏的建筑提供了许多珍贵资料。云冈石窟和龙门石窟开凿于岸边崖壁，而天龙山石窟则高踞于群山之上的旱地。这里的组群相对较小，统共仅约二十窟。最大的佛

图二十五　　　　　　　　　　　　图二十六

像高约三十英尺，与云冈或龙门的巨像相比，简直像是侏儒（图二十五）。其他诸窟的塑像多为真人尺寸。它们代表着中国雕塑史上造诣高超的一段时期。不幸的是，除最大的一尊而外，几乎所有塑像都被无情地凿下。流落于古董商手中。失窃的残片现在散见于世界各地的博物馆里。其中一些在纽约的温思罗普藏品中为人称羡，另外若干照例落入了某些日本私人收藏家之手。

这些石窟在建筑意义上极其重要。其中一些前有柱廊，极为忠实地模仿当时的木构建筑（图二十六）。尽管只有立面，我们从中不仅大致认识到了总体组合的思路，甚至于还认识到了具体的比例和细部的阴影。

木质古构的富饶温床山西省

山西省东倚太行山，西、南临壮丽的黄河，北有长城和蒙古沙漠拱卫，因此有宋（公元960年）以来一直远离战祸，而其他省份却于改朝换代之际反复

131

① 即永寿寺雨华宫。——林鹤、李道增注

图二十七

图二十八

地在层层焦土之上重建新城。直至1937年秋日军入侵。山西安享太平几近千年，于是这富饶的温床孕育了大量的木质古构。在1931年至1937年之间，我六度赴晋，三次访晋北，其余三次访晋中与晋南。

几乎在每座小城镇里，或在群山之间。总会遇到一些外貌古旧的楼宇、佛寺或道观，其年代早至12、13世纪或更久远。正是在山西省，在我们赴太原中途，位于榆次附近离火车铁轨不到二十码处，一座小建筑与我们不期而遇。它极为匀称，纪年为公元1008年，是迄今已知第三古老的木构建筑（图二十七）①；在太谷，三座宋、金时期的庙宇保存完好；祭祀清泉圣母的花园寺庙晋祠，建于1023年至1031年间，是最美丽的并垣名胜；奇特的小建筑如俯瞰汾河的灵石民房，地基为高达一百英尺的挡土墙；汾阳附近大路边，铸铁佛像趺坐于灵岩寺堂皇残址的瓦砾间（图二十八）；如此等等不一而足。我不可能逐一讲述在山西省的所有重要发现，只能挑选一些最出色的例子。

11世纪早期的薄伽教藏

大同之盛名不仅得之于云冈伟大的北魏石窟，亦得之于城中辽（公元937－1125年）、金（1125－1234年）时期的寺宇。上下华严寺原为一体，占地辽阔，楼阁有上百之数。然近千年内，大多庙产逐渐为世俗用途所蚕食。从此薄伽教藏彻底脱离上寺，开始以下寺而知名；它是一座特别有趣的建筑（图二十九）。建殿意在收藏佛经，沿大殿三面墙上置壁柜式经橱藏之。这

图二十九   图三十一

图三十

些经橱极罕见，橱顶有微缩楼阁以象征天宫（图三十）。殿心大坛上为中国最精美的泥塑佛像群之一。三本尊趺坐于宝座，胁侍尊者、菩萨、金刚护卫（图三十一）。这组群像外形秀丽，色泽柔美黯淡，逃脱了中国古老造像的常例，未遭后世"翻新"之厄。在一根梁下用墨汁写有建殿年代，为公元1038年。这种做法是中国旧例，而此年代亦为至今尚存的极少数早期纪年之一。

中国唯一的木塔

应县去大同西五十英里许，靠近长城向内的延线处。这个小镇的盐碱地令它饱尝穷困之苦，镇上仅见几百家土坯房、十余株树木。值得它自夸的是，这里有中国现存的唯一木塔（图三十二）。

通汽车的大路距小镇最近处约二十五英里，旅客须从那里换乘骡车，忍受六个小时的颠簸。我到镇西五英里外时，正是落日时辰。前方几乎笔直的道路尽头，兀然间看见暗紫色天光下远远闪烁着的珍宝：红白相间的宝塔映照着金色的夕阳。掩映在远山之上。这座五层的宝塔从四周原野上拔地而起，高约二百英尺，天晴时分从二十英里外就能看见。

我进入城垣时天色已黑。塔身如黑色巨人般笼罩全镇。但顶层南侧犹见一丝光亮，自一片漆黑中透出一个亮点。后来我发现，那是

图三十二

图三十三

"长明灯"，自九百年前日日夜夜地亮到如今。

宝塔建于1056年。平面作八角形，通身木构，将五个单层的中国建筑层层相叠为五层。首层重檐承以巨大的斗拱，类似蓟县观音阁的形式（图三十三）。其上四层均环有平座及出檐。各以斗拱支撑。每层四正面辟门，另外四面俱作板条抹灰墙，饰以尊者和菩萨的画像。

底层的八角形佛殿中央为释迦牟尼的巨型泥塑。而以上诸层各有不同的佛像。多有胁侍尊者及菩萨。

木塔顶部结以一个精致的锻铁攒尖顶，以八条铁链系于顶层屋角。一个晴朗的午后，我专心致志地在塔尖测量和拍摄，未曾注意头顶的云层迅速地合拢了。随即一声惊雷突然在身边爆响。我大吃一惊，险些在高出地面二百英尺的上空松开手中冰凉的铁链。我与此相仿的唯一历险是，没有依例听见空袭警报，日军的飞机在我家四周投下了几枚二百五十磅的炸弹，其中最近的一枚仅在二十英尺外。

这座木塔如此见宠于自然界，已经进入了千年轮回的最后一百年，但它现在也许正在日本人的手中挣扎着。1937年秋，日军围困并占领了应县。

霍山广胜寺，非凡的建筑与非凡的壁画

1933年，在广胜寺发现一整套金代版《三藏经》（1149年），这是中国佛教典籍研究界的一件大事。正是经书的发现把我们引向了这里。

上下广胜寺位于赵城以东约十五英里的霍山山口。我们在那里发现了两组建筑，可能俱为元代的罕贵遗构（1280－1376年）。建筑外形与常见的中国建

图三十四   图三十五

筑很吻合，但支撑屋顶的梁枋体系却绝非正统。自由运用了出挑深远的斜昂，展示出设计师的巨大原创力和天才（图三十四）。对木结构如此灵活有机的运用在我们的旅途中尚属初见。

下寺旁边是拜祭山麓泉水的龙王庙（图三十五）。殿宇本身重建于1319年，并无出色之处。但其壁上有一些壁画吸引了我们的注意。以往在旅途中，我们所遇壁画均取宗教题材，而在这里，我们首次目睹了如此描绘的世俗场面。其中最有趣的是一个演戏的场景。演员们的服饰宋（汉）蒙互见。程式化的面部化妆显为后世精研的舞台化妆的原型。这幅壁画对研究中国绘画和元剧都至为重要。更珍贵的是，它的铭文纪年为公元1326年。

最后的华北之行，五台山

五台山是文殊师利菩萨（中国人称为文殊菩萨）的道场，远自唐代即为中国的佛教圣地。逾千年来，豪门贵族施功德的珍宝已遍布山中庙宇。因此，殿阁不断重修，涂金与油彩闪亮耀目，每年有二到三次香客云集。但在群山外缘，时髦照顾不到的地方，寒素的寺僧们负担不起大规模的修建工程，或能找到未经触动的遗构。于是，1937年6月，我自北平首途五台山。

图三十六

图三十七

中国最古的木构

从太原驱车约八十英里路到东冶，我们换乘骡车，取僻径进入五台。南台之外去豆村三英里许，我们进入了佛光寺的山门。这座宏伟巨刹建于山麓的高大台基上，门前大天井环立古松二十余株。殿仅一层，斗拱巨大、有力、简单，出檐深远。它典型地相似于蓟县观音阁。随意一瞥，其极古立辨。但是，它会早于迄今所知最古的建筑吗（图三十六、图三十七）？

我们怀着兴奋与难耐的猜想，越过訇然开启的巨大山门，步入大殿。殿面阔七楹，昏暗的室内令人印象非常深刻。一个巨大的佛坛上迎面端坐着巨大的佛陀、普贤和文殊，无数尊者、菩萨和金刚侍立两侧，如同魔幻的神像森林（图三十八）。佛坛最左端坐着一尊真人大小的女像，世俗服饰，在神像群间

图三十八

图三十九

① 原文为"天花板"，据梁思成著《中国建筑史》称"平暗"。——林鹤、李道增注
② 梁思成著《中国建筑史》称"双叉手"。——林鹤、李道增注
③ 梁思成著《中国建筑史》称"侏儒柱"。——林鹤、李道增注

显得渺小而卑微（图三十九）。据寺僧说，这是邪恶的武后。尽管最近的"翻新"把整个神像群涂上了鲜亮的油彩，它们却无疑是晚唐的作品，一眼就可看出它们极类似敦煌石窟的塑像。

我们分析，如果面前这些塑像是幸存的唐代泥塑，则其头顶的建筑就只可能是唐代原构。显然，殿内任何东西在重建中都会毁于一旦。

次日，我们开始仔细调查整个建筑群。斗拱、梁枋、变幻的平暗①、石雕柱础，都被我们急切地检查一过。它们均明确无疑地显示出晚唐特征。但那还不是最奇特处。当我们爬进平暗上的黑暗空间时，我大为惊讶地发现，屋顶梁架作法仅见于唐代壁画，此前我从未亲睹实物。（借用现代的名称）使用双"椽"②而不用"王柱"③，与后世中国建筑方法相反，全然出乎我的意料（图四十）。

图四十

平暗上的"阁楼"里，上千蝙蝠丛生于脊桁四周，如同厚敷其上的一层鱼子酱，竟至于无法看见上面可能标明的年代。蝙蝠身上寄生的臭虫数以百万计，于木料上大量孳生着。我们立足的平暗上面厚积微尘，也许历几个世纪方积淀至此，其上到处点缀着小小的蝙蝠尸体。我们的口鼻上蒙着厚面罩，几乎透不过气，在一片漆黑与恶臭之间，借手电光进行着测绘和拍摄。几个小时以后，当我们钻出檐下呼吸新鲜空气时，发现无数臭虫钻进了留置平暗上的睡袋及睡袋内的笔记本里。我们也被咬得很厉害，但我追猎遗构多年，以此时刻最感快

慰。不出所料，队中同人均对身体的苦楚一笑了之。

大殿墙面原本定有壁画为饰，早已不存。至今唯一留存壁画之处是"拱眼壁"，过梁上斗拱间抹灰的部分。拱眼壁的不同部分，彩画的工艺水准悬殊，年代也明显不同。其中一段画有佛像，后有背光花纹，纪年为公元1122年。旁边一段画有佛和胁侍菩萨，显然年代更早，艺术特点更佳。这一段与敦煌石窟壁画相似处最为惊人。它只会是唐代的。尽管只是一小片墙面，位于不起眼处，据我所知，它却是除敦煌壁画以外，中国本土现存唯一的唐代壁画。

确认功德主与年代

在大殿工作的第三天。我的妻子注意到，在一根梁底有非常微弱的墨迹——它蒙尘很厚，模糊难辨。但是这个发现在我们中间就像电光一闪。我们最乐意在梁上或在旁边的碑石上读到建筑的确切年代。以风格为据判断一处古构的大致年代。是一个费力不讨好的过程。虽手边有令人信服的材料且苦苦研究过，在证据不足时，我们还是不得不谦抑地将建筑的年代假设在二三十年之间，有时斟酌范围竟达半个世纪！此处，高山孤松之间即是伟大的唐代遗构，首次完璧现于世人面前，值得我们仔细研究、特别认识。但是它的年代如何确定？伟大的唐朝自公元618年延续至906年，三百年间各门类文化均得以强盛发展。在这三百年中间，这座生动的古刹始建于哪一年，这个疑问难道过于好奇了吗？

现在，带有模糊笔迹的梁枋很快就会告诉我们这个迫切的答案。但是它们被后世的淡赭色涂层所蔽。必须在价值连城的佛像之间搭造灵活的脚手架，以接近那些有字的梁；而在我们得以靠近上面由建殿匠人写下的启示性文字之前，这些梁本身也需要用毛巾清水洗净。但是这里远离人烟，人手难觅。等待做出必需的安排之际，我的妻子尽心地投入了工作。她把头弯成最难受的姿势，急切地从下面各种角度审视着这些梁。费力地试了几次以后，她读出了一些不确切的人名，附带有唐代的冗长官衔。但是最重要的名字位于最右边一根梁上，只能读出一部分："佛殿主上都送供女弟子宁公遇。"她，一位女性，

图四十一

第一个发现这座最珍贵的中国古刹是由一位女性捐建的，这似乎太不可能是个巧合。当时她担心自己的想像力太活跃，读错了那些难辨的字。她离开大殿，到阶前重新查对立在那里的石经幢。她记得曾看见上面有一列带官衔的名字。与梁上写着的那些有点相仿。她希望能够找到一个确切的名字。于一长串显贵的名字间，她大喜过望地清晰辨认出了同样的一句："女弟子佛殿主宁公遇。"

这个经幢的纪年为"唐大中十一年"，即公元857年（图四十一）。

随即我们醒悟，寺僧说是"武后"的那个女人，世俗穿戴、谦卑地坐在坛梢的小塑像，正是功德主宁公遇本人！让功德主在佛像下坐于一隅，这种特殊的表现方法常见于敦煌的宗教绘画中。于此发现庙中的立体塑像取同一布置惯例，这喜悦非同小可。

设此经幢于殿成后不久即树于此地，则大殿的年代即可确认。它比蓟县观音阁只早了一百二十七年。经年搜求中，这是我们至今所遇唯一的唐代木构建筑。不仅如此，在同一座大殿里，我们同时发现了唐代的绘画、唐代的书法、唐代的雕塑和唐代的建筑。此四者一已称绝，而四艺集于一殿更属海内无双。我最重要的发现当是此处。恐怕将来未必能够更见任何同等古迹，更何况四艺合一之处。

战争：营造学社迁往华南

离佛光寺前，我将此处发现报告山西省政府及国家古迹保护委员会，我是这个委员会的一个成员。向长老道别时我的兴致颇高，应承明年重来时携政府基金以广为修葺。我们在五台人迹稠密区进行了普查，未见重大遗构值得多耗时日。我们取道北麓通代县的路线离开山区；代县的规划十分精彩。我们在那里舒坦地工作了几天。

7月15日。一天劳作之余，我们见到了由太原运抵的成捆报纸，洪水冲溃大路将这些报纸耽搁了几天。我们放松地躺上行军床开始读报："日军猛烈进攻我平郊据点"，战争已经爆发一个星期了。我们几经波折，设法绕路回到北平。

一个月后，北平沦陷。不久，中国营造学社和许多文化教育机构一样迁往华南。过去三年，我们在华南诸省进行了更多野外考察。我将留俟他日讲述其结果。

我曾在华北调研过的多数地方现在都落入了日军手中。比如我最牵怀的唐代遗构所在的豆村，过去在外界并不知名，现在却再三见诸报端，或为日本人进攻五台的基地，或为中国人反攻的目标。我怀疑唐代遗构能否在战后幸免于难。万望我的照片和测绘不会是它目前所遗之唯一记录。

待战争结束，除了寻找更多新资料用于深入研究以外，当另有一项额外的任务，就是重访我们旧日的足迹，看看日军的炮火毁掉了多少无可替代的珍宝。

（原题目：华北古建调查报告）

如何才能安居①

凡是一个机构，必须有组织有秩序方能运用收效。人类群居的地方，所谓市镇者，无论是由一个小村落漫长而成（如古代的罗马，近代的伦敦），或是预先计划，按步建造（如古之长安，今之北平、华盛顿），也都是一种机构。这机构之最高目的在使居民得到最高度的舒适，在使居民工作达到最高度的效率，就是古谚所谓使民"安居乐业"四个字。但若机构不健全，则难期达到目的。

使民"安居乐业"是一个经常存在的社会问题，而在战后之中国，更是亟待解决。在我国历史上，每朝兴华，营国筑室，莫不注重民居问题。汉高祖定都关中，"起五里于长安城中，宅二百区以居贫民。"②隋文帝以"京城宫阙之前，民居杂处，不便放民，于是皇城之内，惟列府寺，不使杂人居止。"③ 虽如后周世宗营建汴京，尚且下诏说："阎巷隘狭，多火烛之忧；每遇炎蒸，易生疫疾"。所以"开广都邑，展行街坊"时，他知道这工作之困难与可能遇到的阻力，所以引申的解说，"虽然暂劳，久成大利……胜通览康衢，更思通济。"④ 现在我们适承大破坏之后，复员开始，回看历史建设的史实，前望我们民族将来健康与工作效率所维系，能不致力于复兴市镇之计划？

市镇计划（city planning）虽自古已有，但因各时代生活方式之不同，其观念与着重点时有改变。近数十年来，因受了拿破仑三世时巴黎知事郝斯

① 本文原载1945年8月重庆《大公报》，后刊入1945年10月国民政府内政部主编的《公共工程专刊》第一集。
② 汉高祖定都关中，"起五里于长安……"笔误。此为汉平帝二年（公元2年）事，见《汉书·平帝本纪》。——王世仁注
③ 隋文帝以"京城宫阙之前……"引自宋敏求《长安志》卷七，"唐皇城"注文。——王世仁注
④ 后周世宗营建汴京，……引自《册府元龟》卷十四，"帝王部，都邑二"，显德三年诏。——王世仁注
⑤ 郝斯曼，G·E·Haussmann（1809—1861），现通译奥斯曼，时任法国塞纳区行政长官。——王世仁注

曼⑤开辟广直的通衢，安置凯旋门或铜像一类的点缀品的影响，社会上竟误认这类市容的装饰与点缀为"市镇计划"实现之本身，实是莫大的错误。殊不知1850年的法国，方在开始现代化，还未完全脱离中世纪的生活方式。且在革命骚乱之后，火器刚始发明之时，为维持巴黎社会之安宁与秩序，便利炮车骑兵之疾驰，必须拆除城垣，广开干道。在干道两旁，虽建立制式楼屋，以撑门面，而在楼后湫隘拥挤的小巷贫居，却是当时地方官所不感兴趣的问题。

现代的国家，如英美，以人民的安适与健康为前提，人民生活安适，身心健康，工作效率自然增高。如苏联，以生产量为前提，为求生产效率之增高，必先使人民生活安适，身心健康。无论着重点在哪方面，孰为因果，而人民安适与健康是必须顾到的。假如居住的问题不得合理的解决，则安适与健康无从说起。而居住的问题，又不单是一所住宅或若干所住宅的问题，就是市镇计划的问题。所以市镇计划是民生基本问题之一，其优劣可以影响到一个区域乃至整个市镇的居民的健康和社会道德，工作效率。

中世纪的市镇，其第一要务是保障居民之安全，安全之第一威胁是外来的攻击，其对策是坚厚的城墙，深阔的壕沟为防御。至于工作，都是小的手工业；交通工具只有牛马车，或驮牲与人力；科学知识未发达，对于卫生上所需的光线与空气既无认识，更谈不到设计；高的疾病死亡率，低的生产率，比起防御攻击之重要，不可同日而语，幸而中世纪的市镇，人口虽然稠密，面积却总很小，所以林野之趣，并不难得。人类几千年来，在那种情形的市镇里亦能生活，产生灿烂的文化。

但自19世纪后半以来，市镇发生了史无前例的发展，大工业的发达与铁路之建造，促成了畸形的人口集中，在工厂四周滋生了贫民窟（slum），豢养疫疾，制造罪恶。因交通工具之便利，产生了都市中的车辆流通问题，在早午晚上班下班的时候，造成惊人的拥挤现象，因贫民窟之容易滋生，使房屋地皮落价，影响市产价值。凡此种种，已是欧美都市的大问题。而在中国，因工业落后，除去津沪汉港等大都市外，尚少这种现象发生。

但在抗战胜利建国开始的关头，我们国家正将由农业国家开始踏上工业化大道，我们的每一个市镇都到了一个生长程序中的"青春时期"。假使我

们工业化进程顺利发育，则在今后数十年间，许多的市镇农村恐怕要经历到前所未有的突然发育，这种发育，若能预先计划，善予辅导，使市镇发展为有秩序的组织体，则市镇健全，居民安乐，否则一旦错误，百年难改，居民将受其害无穷。

一个市镇是会生长的，它是一个有机的组织体。在自然界中，一个组织体是由多数的细胞合成，这些细胞都有共同的特征，有秩序地组合而成物体，若是细胞健全，有秩序地组合起来，则物体健全。若细胞不健全，组合秩序混乱，便是疮疥脓包。一个市镇也如此。它的细胞是每个的建筑单位，每个建筑单位有它的特征或个性，特征或个性过于不同者，便不能组合为一体。若使勉强组合，亦不能得妥善的秩序，则市镇之组织体必无秩序，不健全。所以市镇之形成程序中，必须时时刻刻顾虑到每个建筑单位之特征或个性，顾虑到每个建筑单位与其他单位间之相互关系（correlation），务使市镇成为一个有机的秩序组织体。古今中外健全的都市村镇，在组织上莫不是维持并发展其有机的体系秩序的。近百年来欧美多数大都市之发生病症，就是因为在社会秩序经济秩序突起变化时期，千万人民的幸福和千百市镇的体系，试验出了他们市镇体系发展秩序中的错误，我们应知借鉴，力求避免。

上文已经说过，欧美市镇起病主因在人口之过度集中，以致滋生贫民区，发生车辆交通及地产等问题。最近欧美的市镇计划，都是以"疏散"（decentralization）为第一要义。然而所谓"疏散"，不能散漫混乱。所以美国沙理能（Eliel Saarinan）教授提出"有机性疏散"（organic decentralization）之说。而我国将来市镇发展的路径，也必须以"有机性疏散"为原则。

这里所谓"有机性疏散"是将一个大都市"分"为多数的"小市镇"或"区"之谓。而在每区之内，则须使居民的活动相当集中。人类活动有日常活动与非常活动两种：日常活动是指其维持生活的活动而言，就是居住与工作的活动。区内之集中，是以其居民日常生活为准绳。区之大小以使居民的住宅与工作地可以短时间——约二十分钟——步行达到为准。在这区之内，其大规模的工商业必需的建置，如学校、医院、图书馆、零售商店、菜市场、饮食店、娱乐场、游戏场等，在区内均应齐备，使成为一个自给自足的"小市镇"。在区与区之间，设立"绿阴地带"，作为公园，为居民游息之所。务使一个大都市成为多数"小市镇"——区——的集合体，在每区之内将人口稠密度以及面积加以严格的限制，不使成为一个庞大无限量的整体。

现在欧美的大都市大多是庞大的整体。工商业中心的附近大多成了"贫民区"。较为富有的人多避居郊外，许多工人亦因在工作地附近找不到住处，所以都每日以两小时的时间耗费在火车电车或汽车上，在时间、精力与金钱上都是莫大的损失。伦敦七百万人口中，有十万人以运输别人为职业（市际交通及货物运输除外），在人力物力双方是何等的不经济。现在伦敦市政当局正谋补救，而其答案则为"有机性疏散"。但是如伦敦纽约那样的大城市，若要完成"有机性疏散"的巨业，恐怕至少要五六十年。

现在我们既见前车之鉴，将来新兴的工商业中心，尤其是工业中心，必须避蹈覆辙。县市当局必须视各地工商业发展之可能性，预为分区，善予辅导，否则一朝错误，子孙吃苦，不可不慎。

至于每区之内，虽以工厂或商业机构或行政机构为核心，但市镇设计人所最应注意者乃在住宅问题。因为市镇之主要功用既在使民安居乐业，则市镇之一切问题，应以人的生活为主，而使市镇之体系方面随之形成。生活的问题解决须同时并求身心的健康。欲求身心健康，不惟要使每个人的居室舒适清洁，而且必须使环境高尚。我们要使居住的环境有促进居民文化水准的力量。我们必须注意到物质环境对于居民道德精神的影响。所以我们不求在颓残污秽的贫民区里建立一座奢华的府第，因为建筑是不能独善其身的，它必须择邻。我们计划建立市镇时，务须将每一座房屋与每一个"邻舍"间建立善美的关系，我们必须建立市镇体系上的"形式秩序"（form—order），在善美有规则的形式秩序之中，自然容易维持善美的"社会秩序"（social—order）。这两者有极强的相互影响力。犹之演剧，必须有适宜的舞台与布置，方能促成最高艺术之表现；而人生的艺术，更是不能脱离其布景（环境）而独臻善美的。同时，更因人类亦有潜在的"反文化性"，趋向卑下与罪恶，若有高尚的市镇体系秩序为环境，则较适宜于减少或矫正这种恶根性。孟母三迁之意或即在此。

关于住宅区设计的技术方面，这里不能详细地讨论，但是几个基本原则，是保护居民身心健康所必需。

一、建筑居室不只求身体的舒适，必亦使精神愉快；因为精神不愉快则不能有健康的身体。所以居室建筑必顾及身心两方面的舒适。

二、每个民族有生活传统的习惯，居室建筑必须适合社会的方式（这习惯当然不是指随地吐痰便溺一类的恶习惯而言，乃其是指家庭组织，婚丧礼节传统而言）。改变建筑固然可收改变生活之效，但完全不予以适合，则居室便可成为不合用的建筑。

三、每区内之分划（subdivision），切不可划作棋盘，必须善就地形，并与全市交通干道枢纽等取得妥善的关系，以保障住宅区之宁静与路上安全，区内各部分，视其不同之性质，规定人或建筑面积之比例，以保障充分的阳光与空气。

四、在住宅之内，我们要使每一个居民的寝室与工作室分别，在寝室内工作或在工作室内睡觉是最有害健康的布置。

五、我们要提出"一人一床"的口号。现在中国有四万万五千万人，试问其有多少张床？无论市镇乡村，我们随时看见工作的人晚上就在工作室中，或睡桌子，或打地铺。这种生活是奴隶的待遇。为将来的人民，我们要求每人至少晚上须有床睡觉。若是连床都没有，我们根本谈不到提高生活程度，更无论市镇计划。

六、我们要使每个市镇居民得到最低限度的卫生设备。我们不一定家家有澡盆，但必须家家有自来水与抽水厕所。我们必须打倒马桶。因此，市镇建设中给水与泄水都是最重要的先决问题。

有了使人身心安适的住宅，便可增进家庭幸福，可以养育身心健康的儿童，或为强健高尚的国民，养成自尊自爱的民族性。

为达到使人民安居乐业，我们要致力于市镇体系秩序之建立，以为建立社会秩序的背景。为达到市镇体系秩序之建立，我们要每一个县城市镇都应有计划的机关，先从事于社会经济之调查研究，然后设计；并规定这类调查研究工作，为每一县市经常设立的机关；根据历年调查统计，每五年或十年将计划加以修正。凡市镇一切建设必须依照计划进行。为达到此目的，各地方政府必须立法，预为市镇扩充而扩大其行政权；控制地价；登记土地之转让；保护"绿阴地带"之不受侵害；控制设计样式。凡此法例规程，在不侵害个人权益前提之下，必须市镇得为整个机构而计划之。这不只是官家的事，而是每个市镇居民幸福所维系，其成败实有赖市镇里每个居民的合作。

最后我们还要附带地提醒：为实行改进或辅导市镇体系的长成，为建立其长成中的体系秩序，我们需要大批专门人才，专门建筑（不是土木工程）或市镇计划的人才。但是今日中国各大学中，建筑系只有两三处，市镇计划学根本没有。今后各大学的增设建筑系与市镇计划系，实在是改进并辅导形成今后市镇体系秩序之基本步骤。这却是教育当局的责任了。

（原题目：市镇的体系秩序）

北京——都市计划中的无比杰作①

　　中国人民的首都北京，是一个极年老的旧城，却又是一个极年轻的新城。北京曾经是封建帝王威风的中心，军阀和反动势力的堡垒，今天它却是初落成的，照耀全世界的民主灯塔。它曾经是没落到只能引起无限"思古幽情"的旧京，也曾经是忍受侵略者铁蹄践踏的沦陷城，现在它却是生气蓬勃地在迎接社会主义曙光中的新首都。它有丰富的政治历史意义，更要发展无限文化上的光辉。

　　构成整个北京的表面现象的是它的许多不同的建筑物，那显著而美丽的历史文物，艺术的表现；如北京雄劲的周围城墙，城门上嶙峋高大的城楼，围绕紫禁城的黄瓦红墙，御河的栏杆石桥，宫城上窈窕的角楼，宫廷内宏丽的宫殿，或是园苑中妩媚的廊庑亭榭，热闹的市心里牌楼店面，和那许多坛庙、塔寺、宅第、民居，它们是个别的建筑类型，也是个别的艺术杰作。每一类，每一座，都是过去劳动人民血汗创造的优美果实，给人以深刻的印象；今天这些都回到人民自己手里，我们对它们宝贵万分是理之当然。但是，最重要的还是这各种类型，各个或各组的建筑物的全部配合；它们与北京的全盘计划整个布局的关系；它们的位置和街道系统如何相辅相成；如何集中与分布；引直与对称；前后左右，高下起落，所组织起来的北京的全部部署的庄严秩序，怎样成为宏壮而又美丽的环境。北京是在全盘的处理上才完整地表现出伟大的中华民

① 本文原连载于1951年4月出版的《新观察》第2卷第7期和第8期。——左川注

族建筑的传统手法和在都市计划方面的智慧与气魄。这整个的体形环境增强了我们对于伟大的祖先的景仰，对于中华民族文化的骄傲，对于祖国的热爱。北京对我们证明了我们的民族在适应自然，控制自然，改变自然的实践中有着多么光辉的成就。这样一个城市是一个举世无匹的杰作。

我们承继了这份宝贵的遗产，的确要仔细地了解它——它的发展的历史、过去的任务同今天的价值。不但对于北京个别的文物，我们要加深认识，且要对这个部署的体系提高理解，在将来的建设发展中，我们才能保护固有的精华，才不至于使北京受到不可补偿的损失。并且也只有深入地认识和热爱北京独立的和谐的整体格调，才能掌握它原有的精神来做更辉煌的发展，为今天和明天服务。

北京城的特点是热爱北京的人们都大略知道的。我们就按着这些特点分述如下。

我们的祖先选择了这个地址

北京在位置上是一个杰出的选择。它在华北平原的最北头，处于两条约略平行的河流的中间，它的西面和北面是一弧线的山脉围抱着，东面南面则展开向着大平原。它为什么坐落在这个地点是有充足的地理条件的。选择这地址的本身就是我们祖先同自然斗争的生活所得到的智慧。

北京的高度约为海拔五十公尺，地质学家所研究的资料告诉我们，在它的东南面比它低下的地区，四五千年前还都是低洼的湖沼地带。所以历史家可以推测，由中国古代的文化中心的"中原"向北发展，势必沿着太行山麓这条五十公尺等高线的地带走。因为这一条路要跨渡许多河流，每次便必须在每条河流的适当的渡口上来往。当我们的祖先到达永定河的右岸时，经验使他们找到那一带最好的渡口。这地点正是我们现在的卢沟桥所在。渡过了这个渡口之后，正北有一支西山山脉向东伸出，挡住去路，往东走了十余公里，这支山脉才消失到一片平原里。所以就在这里，西倚山麓，东向平原，一个农业的民族建立了一个最有利于发展的聚落，当然是适当而合理的。北京的位置就这样地

产生了。并且也就在这里，他们有了更重要的发展，同北面的游牧民族开始接触，是可以由这北京的位置开始，分三条主要道路通到北面的山岳高原和东北面的辽东平原的。那三个口子就是南口，古北口和山海关。北京可以说是向着这三条路出发的分岔点，这也成了今天北京城主要构成原因之一。北京是河北平原旱路北行的终点，又是通向"塞外"高原的起点。我们的祖先选择了这地方，不但建立一个聚落，并且发展成中国古代边区的重点，完全是适应地理条件的活动。这地方经过世代的发展，在周朝为燕国的都邑，称做蓟；到了唐是幽州城，节度使的府衙所在。在五代和北宋是辽的南京，亦称做燕京；在南宋是金的中都。到了元朝，城的位置东移，建设一新，成为全国政治的中心，就成了今天北京的基础。最难得的是明清两代易朝换代的时候都未经太大的破坏就又在旧基础上修建展拓，随着条件发展，到了今天，城中每段街、每一个区域都有着丰实的历史和劳动人民血汗的成绩。有纪念价值的文物实在是太多了。

（本节的主要资料是根据燕大侯仁之教授在清华的讲演《北京的地理背景》写成的）

北京城近千年来的四次改建

一个城是不断地随着政治经济的变动而发展着改变着的，北京当然也非例外。但是在过去一千年中间，北京曾经有过四次大规模的发展，不单是动了土木工程，并且是移动了地址的大修建。对这些变动有个简单认识，对于北京城的布局形势便更觉得亲切。

现在北京最早的基础是唐朝的幽州城，它的中心在现在广安门外迤南一带。本为范阳节度使的驻地，安禄山和史思明向唐代政权进攻曾由此发动，所以当时是军事上重要的边城。后来刘仁恭父子割据称帝，把城中的"子城"改建成宫城的规模，有了宫殿。937年，北方民族的辽势力渐大，五代的石晋割了燕云等十六州给辽，辽人并不曾改动唐的幽州城，只加以修整，将它"升为南京"。这时的北京开始成为边疆上一个相当区域的政治中心了。

到了更北方的民族金人的侵入时，先灭辽，又攻败北宋，将宋的势力压缩到江南地区，自己便承袭辽的"南京"，以它为首都。起初金也没有改建旧城，1151年才大规模地将辽城扩大，增建宫殿，意识地模仿北宋汴梁的形制，按图兴修。金人把宋东京汴梁（开封）的宫殿苑囿和真定（正定）的潭圃木料拆卸北运，在此大大建设起来，称它做中都，这时的北京便成了半个中国的中心。当然，许多辉煌的建筑仍然是中都的劳动人民和技术匠人，承继着北宋工艺的宝贵传统，又创造出来的。在金人进攻掠夺"中原"的时候，"匠户"也是他们劫掳的对象，所以汴梁的许多匠人曾被迫随着金军到了北京，为金的统治阶级服务。金朝在北京曾不断地营建，规模宏大，最重要的还有当时的离宫，今天的中海北海。辽以后，金在旧城基础上扩充建设，便是北京第一次的大改建，但它的东面城墙还在现在的琉璃厂以西。

1215年元人破中都，中都的宫城同宋的东京一样遭到剧烈破坏，只有郊外的离宫大略完好。1260年以后，元世祖忽必烈数次到金故中都，都没有进城而驻跸在离宫琼华岛上的宫殿里。这地方便成了今天北京的胚胎，因为到了1267年元代开始建城的时候，就以这离宫为核心建造了新首都。元大都的皇宫是围绕北海和中海而布置的，元代的北京城便围绕着这皇宫成一正方形。

这样，北京的位置由原来的地址向东北迁移了很多。这新城的西南角同旧城的东北角差不多接壤，这就是今天的宣武门迤西一带。虽然金城的北面在现在的宣武门内，当时元的新城最南一面却只到现在的东西长安街一线上，所以两城还隔着一个小距离。主要原因是当元建新城时，金的城墙还没有拆掉之故。元代这次新建设是非同小可的，城的全部是一个完整的布局。在制度上有许多仍是承袭中都的传统，只是规模更大了。如宫门楼观、宫墙角楼、护城河、御路、石桥、千步廊的制度，不但保留中都所有，且超过汴梁的规模。还有故意恢复一些古制的，如"左祖右社"的格式，以配合"前朝后市"的形势。

这一次新址发展的主要存在基础不仅是有天然湖沼的离宫和它优良的水潭，还有极好的粮运的水道。什刹海曾是航运的终点，成了重要的市中心。当时的城是近乎正方形的，北面在今日北城墙外约二公里，当时的鼓楼便位于全城的中心点上，在今什刹海北岸。因为船只可以在这一带停泊，钟鼓楼自然是那时热闹的商市中心。这虽是地理条件所形成，但一向许多人说到元代北京形

图一

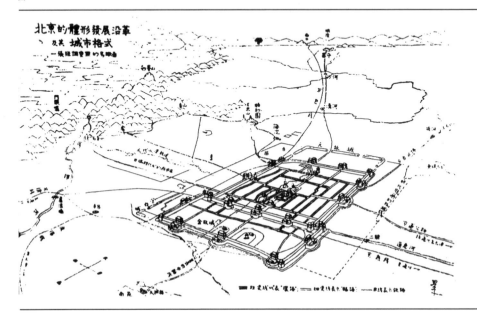

制，总以这"前朝后市"为严格遵循古制的证据。元时建的尚是土城，没有砖面、东、西、南，每面三门：惟有北面只有两门，街道引直，部署井然。当时分全市为五十坊，鼓励官吏人民从旧城迁来。这便是辽以后北京第二次的大改变。它的中心宫城基本上就是今天北京的故宫与北海中海。

1368年明太祖朱元璋灭了元朝，次年就"缩城北五里"，筑了今天所见的北面城墙。原因显然是本来人口就稀疏的北城地区，到了这时，因航运滞塞，不能达到什刹海，因而更萧条不堪，而商业则因金的旧城东壁原有的基础渐在元城的南面郊外繁荣起来。元的北城内地址自多旷废无用，所以索性缩短五里了（图一）。

明成祖朱棣迁都北京后，因衙署不足，又没有地址兴修，1419年便将南面城墙向南展拓，由长安街线上移到现在的位置。南北两墙改建的工程使整个北京城约略向南移动四分之一，这完全是经济和政治的直接影响。且为了元的故宫已故意被破坏过，重建时就又做了若干修改。最重要的是因不满城中南北中轴线为什刹海所切断。将宫城中线向东移了约一百五十公尺，正阳门、钟鼓楼也随着东移，以取得由正阳门到鼓楼、钟楼中轴线的贯通，同时又以景山横亘在皇宫北面如一道屏风。这个变动使景山中峰上的亭子成了全城南北的中心，替代了元朝的鼓楼的地位。这五十年间陆续完成的三次大工程便是北京在辽以后的第三次改建。这时的北京城就是今天北京的内城了。

在明中叶以后，东北的军事威胁逐渐强大，所以要在城的四面再筑一圈外城。原拟在北面利用元旧城，所以就决定内外城的距离照着原来北面所缩的五里。这时正阳门外已非常繁荣，西边宣武门外是金中都东门内外的热闹区域，东边崇文门外这时受航运终点的影响，工商业也发展起来。所以工程由南面开始，先筑南城。开工之后，发现费用太大，尤其是城墙由明代起始改用砖，较过去土墙所费更大，所以就改变计划，仅筑南城一面了。外城东西仅比内城宽出六七百公尺，便折而向北，止于内城西南东南两角上，即今西便门，东便门之处。这是在唐幽州基础上辽以后北京第四次的大改建。北京今天的凸字形状的城墙就是这样在1553年完成的。假使这外城按原计划完成，则东面城墙将在二闸，西面差不多到了公主坟，现在的东岳庙、大钟寺、五塔寺、西郊公园、天宁寺、白云观便都要在外城之内了（图一）。

清朝承继了明朝的北京，虽然个别的建筑单位许多经过了重建，对整个布局体系则未改动，一直到了今天。民国以后，北京市内虽然有不少的局部改建，尤其是道路系统，为适合近代使用，有了很多变更，但对于北京的全部规模则尚保存原来秩序，没有大的损害。

由那四次的大改建，我们认识到一个事实，就是城墙的存在也并不能阻碍城区某部分一定的发展，也不能防止某部分的衰落。全城各部分是随着政治、军事、经济的需要而有所兴废。北京过去在体形的发展上，没有被它的城墙限制过它必要的展拓和所展拓的方向，就是一个明证。

北京的水源——全城的生命线

从元建大都以来，北京城就有了一个问题，不断地需要完满解决，到了今天同样问题也仍然存在。那就是北京城的水源问题。这问题的解决与否在有铁路和自来水以前的时代里更严重地影响着北京的经济和全市居民的健康。

在有铁路以前，北京与南方的粮运完全靠运河。由北京到通州之间的通惠河一段，顺着西高东低的地势，须靠由西北来的水源。这水源还须供给什刹海、三海和护城河，否则它们立即枯竭，反成孕育病疫的水洼，水源可以说是北京的生命线。

北京近郊的玉泉山的泉源虽然是"天下第一"，但水量到底有限；供给池沼和饮料虽足够，但供给航运则不足了。辽金时代航运水道曾利用高梁河水，元初则大规模地重新计划。起初曾经引永定河水东行，但因夏季山洪暴发，控制困难，不久即放弃。当时的河渠故道在现在西郊新区之北，至今仍可辨认。废弃这条水道之后的计划是另找泉源。于是便由昌平县神山泉引水南下，建造了一条石渠，将水引到瓮山泊（昆明湖）再由一道石渠东引入城，先到什刹海，再流到通惠河。这两条石渠在西北郊都有残迹，城中由什刹海到二闸的南北河道就是现在南北河沿和御河桥一带。元时所引玉泉山的水是与由昌平南下经同昆明湖入城的水分流的。这条水名金水河，沿途严禁老百姓使用，专引入宫苑池沼，主要供皇室的饮水和栽花养鱼之用。金水河由宫中流到护城河，然后同昆明湖什刹海那一股水汇流入通惠河。元朝对水源计划之苦心，水道建设规模之大，后代都不能及。城内地下暗沟也是那时留下绝好的基础，经明增设，到现在还是最可贵的下水道系统。

明朝先都南京，昌平水渠破坏失修，竟然废掉不用。由昆明湖出来的水与由玉泉山出来的水也不两河分流，事实上水源完全靠玉泉山的水。因此水量顿减，航运当然不能入城。到了清初建设时，曾作补救计划，将西山碧云寺、卧佛寺同香山的泉水都加入利用，引到昆明湖。这段水渠又破坏失修后，北京水量一直感到干涩不足。解放之前若干年中，三海和护城河淤塞情形是愈来愈严重，人民健康曾大受影响。龙须沟的情况就是典型的例子。

1950年，北京市人民政府大力疏浚北京河道，包括三海和什刹海，同时疏通各种沟渠，并在西直门外增凿深井，增加水源。这样大大地改善了北京的环境卫生，是北京水源史中又一次新的记录。现在我们还可以企待永定河上游水利工程，眼看着将来再努力沟通京津水道航运的事业。过去伟大的通惠运河仍可再用，是我们有利的发展基础（**本节部分资料是根据侯仁之《北平金水河考》**）。

北京的城市格式——中轴线的特征

如上文所曾讲到，北京城的凸字形平面是逐步发展而来。它在16世纪中叶完成了现在的特殊形状。城内的全部布局则是由中国历代都市的传统制度，通过特殊的地理条件，和元、明、清三代政治经济实际情况而发展的具体形式。这个格式的形成，一方面是遵循或承袭过去的一般的制度，一方面又由于所尊崇的制度同自己的特殊条件相结合所产生出来的变化运用。北京的体形大部是由于实际用途而来，又曾经过艺术的处理而达到高度成功的。所以北京的总平面是经得起分析的。过去虽然曾很好地为封建时代服务，今天它仍然能很好地为新民主主义时代的生活服务。并还可以再作社会主义时代的都城，毫不阻碍一切有利的发展。它的累积的创造成绩是永远可以使我们骄傲的。

大略地说，凸字形的北京，北半是内城，南半是外城，故宫为内城核心，也是全城布局重心，全城就是围绕这中心而部署的。但贯通这全部署的是一根直线。一根长达八公里，全世界最长，也最伟大的南北中轴线穿过了全城。北京独有的壮美秩序就由这条中轴的建立而产生。前后起伏左右对称的体形或空间的分配都是以这中轴为依据的。气魄之雄伟就在这个南北引伸，一贯到底的规模。我们可以从外城最南的永定门说起，从这南端正门北行，在中轴线左右是天坛和先农坛两个约略对称的建筑群；经过长长一条市楼对列的大街，到达珠市口的十字街口之后才面向着内城第一个重点——雄伟的正阳门楼。在门前百余公尺的地方，拦路一座大牌楼，一座大石桥，为这第一个重点做了前卫。但这还只是一个序幕。过了此点，从正阳门楼到中华门，由中华门到天安门，一起一伏、一伏而又起，这中间千步廊（民国初年已拆除）御路的长度，和天安门面前的宽度，是最大胆的空间的处理，衬托着建筑重点的安排。这个当时曾经为封建帝王据为己有的禁地，今天是多么恰当地回到人民手里，成为人民自己的广场！由天安门起，是一系列轻重不一的宫门和广庭，金色照耀的琉璃瓦顶，一层又一层地起伏峋峙，一直引导到太和殿顶，便到达中线前半的极点，然后向北，重点逐渐退削，以神武门为尾声。再往北，又"奇峰突起"地立着景山做了宫城背后的衬托。景山中峰上的亭子正在南北的中心点上。由此向北是一波又一波的远距离重点的呼应。由地安门，到鼓楼、钟楼，高大的建筑物都继续在中轴线上。但到了钟楼，中轴线便有计划地，也恰到好处地结束了。中线不再向北到达墙根，而将重点平稳地分配给左右分立的两个北面城楼——安定门和德胜门。有这样气魄的建筑总布局，以这样规模来处理空间，世界上就没有第二个！

在中线的东西两侧为北京主要街道的骨干；东西单牌楼和东西四牌楼是四个热闹商市的中心。在城的四周，在宫城的四角上，在内外城的四角和各城门上，立着十几个环卫的突出点。这些城门上的门楼、箭楼及角楼又增强了全城三度空间的抑扬顿挫和起伏高下。因北海和中海，什刹海的湖沼岛屿所产生的不规则布局，和因琼华岛塔和妙应寺白塔所产生的突出点，以及许多坛庙园林的错落，也都增强了规则的布局和不规则的变化的对比。在有了飞机的时代，由空中俯瞰，或仅由各个城楼上或景山顶上遥望，都可以看到北京杰出成就的优异。这是一份伟大的遗产，它是我们人民最宝贵的财产，还有人不感到吗？

北京的交通系统及街道系统

北京是华北平原通到蒙古高原、热河山地和东北的几条大路的分岔点，所以在历史上它一向是一个政治、军事重镇。北京在元朝成为大都以后，因为运河的开凿，以取得东南的粮食，才增加了另一条东面的南北交通线。一直到今天，北京与南方联系的两条主要铁路干线都沿着这两条历史的旧路修筑；而京包、京热两线也正筑在我们祖先的足迹上。这是地理条件所决定。因此，北京便很自然地成了华北北部最重要的铁路衔接站。自从汽车运输发达以来，北京也成了一个公路网的中心。西苑、南苑两个飞机场已使北京对外的空运有了站驿。这许多市外的交通网同市区的街道是息息相关互相衔接的，所以北京城是会每日增加它的现代效果和价值的。

今天所存在的城内的街道系统，用现代都市计划的原则来分析，是一个极其合理，完全适合现代化使用的系统。这是一个令人惊讶的事实，是任何一个中世纪城市所没有的。我们不得不又一次敬佩我们祖先伟大的智慧。

这个系统的主要特征在大街与小巷，无论在位置上或大小上，都有明确的分别，大街大致分布成几层合乎现代所采用的"环道"；由"环道"明确的有四向伸出的"幅道"。结果主要的车辆自然会汇集在大街上流通，不致无故地去窜小胡同，胡同里的住宅得到了宁静，就是为此。

所谓几层的环道，最内环是紧绕宫城的东西长安街、南北池子、南北长街、景山前大街。第二环是王府井、府右街，南北两面仍是长安街和景山前大街。第三环以东西交民巷，东单东四，经过铁狮子胡同、后门、北海后门、太平仓、西四、西单而完成。这样还可更向南延长，经宣武门、菜市口、珠市口、磁器口而入崇文门。近年来又逐步地开辟一个第四环，就是东城的南北小街、西城的南北沟沿、北面的北新桥大街，鼓楼东大街，以达新街口。但鼓楼与新街口之间因有什刹海的梗阻，要多少费点事。南面则尚未成环（也许可与东西交民巷衔接）。这几环中，虽然有多少尚待展宽或未完全打通的段落，但极易完成。这是现代都市计划学家近年来才发现的新原则。欧美许多城市都在它们的弯曲杂乱或呆板单调的街道中努力计划开辟成环道，以适应控制大量汽车流通的迫切需要。我们的北京却可应用六百年前建立的规模，只须稍加展宽整理，便可成为最理想的街道系统。这的确是伟大的祖先留给我们的"余荫"。

有许多人不满北京的胡同，其实胡同的缺点不在其小，而在其泥泞和缺乏小型空场与树木。但它们都是安静的住宅区，有它的一定优良作用。在道路系统的分配上也是一种很优良的秩序，这些便是我们发展的良好基础，可以予以改进和提高的。

北京城的土地使用——分区

我们不敢说我们的祖先计划北京城的时候，曾经计划到它的土地使用或分区。但我们若加以分析，就可看出它大体上是分了区的，而且在位置上大致都适应当时生活的要求和社会条件。

内城除紫禁城为皇宫外，皇城之内的地区是内府官员的住宅区。皇城以外，东西交民巷一带是各衙署所在的行政区（其中东交民巷在辛丑条约之后被划为"使馆区"）。而这些住宅的住户，有很多就是各衙署的官员。北城是贵族区，和供应它们的商店区，这区内王府特别多。东西四牌楼是东西城的两个主要市场；由它们附近街巷名称，就可看出。如东四牌楼附近是猪市大街、小羊市、驴市（今改"礼士"）胡同等；西四牌楼则有马市大街、羊市大街、羊肉胡同、缸瓦市等。

至于外城，大体地说，正阳门大街以东是工业区和比较简陋的商业区，以西是最繁华的商业区。前门以东以商业命名的街道有鲜鱼口、瓜子店、果子市等；工业的则有打磨厂、梯子胡同等等。以西主要的是珠宝市、钱市胡同、大栅栏等，是主要商店所聚集；但也有粮食店、煤市街。崇文门外则有巾帽胡同、木厂胡同、花市、草市、磁器口等等，都表示着这一带的土地使用性质。宣武门外是京官住宅和各省府州县会馆区，会馆是各省入京应试的举人们的招待所，因此知识分子大量集中在这一带。应景而生的是他们的"文化街"，即供应读书人的琉璃厂的书铺集团，形成了一个"公共图书馆"；其中掺杂着许多古玩铺，又正是供给知识分子观摩的"公共文物馆"。其次要提到的就是文娱区；大多数的戏院都散布在前门外东西两侧的商业区中间。大众化的杂耍场集中在天桥。至于骚人雅士们则常到先农坛迤西洼地中的陶然亭吟风咏月，饮酒赋诗。

由上面的分析，我们可以看出，以往北京的土地使用，的确有分区的现象。但是除皇城及它迤南的行政区是多少有计划的之外，其他各区都是在发展中自然集中而划分的。这种分区情形，到民国初年还存在。

到现在，除去北城的贵族已不贵了，东交民巷又由"使馆区"收复为行政区而仍然兼是一个有许多已建立邦交的使馆或尚未建立邦交的"使馆"所在区，和西交民巷成了银行集中的商务区而外，大致没有大改变。近二三十年来的改变，则在外城建立了几处工厂。王府井大街因为东安市场之开辟，再加上供应东交民巷帝国主义外交官僚的消费，变成了繁盛的零售商店街，部分夺取了民国初年军阀时代前门外的繁荣。东西单牌楼之间则因长安街三座门之打通而繁荣起来，产生了沿街"洋式"店楼型制。全城的土地使用，比清末民初时期显然增加了杂乱错综的现象。幸而因为北京以往并不是一个工商业中心，体形环境方面尚未受到不可挽回的损害。

北京城是一个具有计划性的整体

北京是中国（可能是全世界）文物建筑最多的城。元、明、清历代的宫苑，坛庙，塔寺分布在全城，各有它的历史艺术意义，是不用说的。要再指出的是：因为北京是一个先有计划然后建造的城（当然，计划所实现的都曾经因各时代的需要屡次修正，而不断地发展的）。它所特具的优点主要就在它那具有计划性的城市的整体。那宏伟而庄严的布局，在处理空间和分配重点上创造出卓越的风格，同时也安排了合理而有秩序的街道系统，而不仅在它内部许多个别建筑物的丰富的历史意义与艺术的表现。所以我们首先必须认识到北京城部署骨干的卓越，北京建筑的整个体系是全世界保存得最完好，而且继续有传统的活力的、最特殊、最珍贵的艺术杰作。这是我们对北京城不可忽略的起码认识。

就大多数的文物建筑而论，也都不仅是单座的建筑物，而往往是若干座合组而成的整体，为极可宝贵的艺术创造，故宫就是最显著的一个例子。其他如坛庙、园苑、府第，无一不是整组的文物建筑，有它全体上的价值。我们爱护文物建筑，不仅应该爱护个别的一殿，一堂，一楼，一塔，而且必须爱护它的周围整体和邻近的环境。我们不能坐视，也不能忍受一座或一组壮丽的建筑物遭受到各种各式直接或间接的破坏，使它们委曲在不调和的周围里，受到不应有的宰割。过去因为帝国主义的侵略，和我们不同体系，不同格调的各型各式的所谓洋式楼房，所谓摩天高楼，摹仿到家或不到家的欧美系统的建筑物，庞杂凌乱的大量渗到我们的许多城市中来，长久地劈头拦腰破坏了我们的建筑情调，渐渐地麻痹了我们对于环境的敏感，使我们习惯于不调和的体形或习惯于看着自己优美的建筑物被摒斥到委曲求全的夹缝中，而感到无可奈何。我们今后在建设中，这种错误是应该予以纠正了。代替这种蔓延野生的恶劣建筑，必须是有计划有重点的发展，比如明年，在天安门的前面，广场的中央，将要出现一座庄严雄伟的人民英雄纪念碑。几年以后，广场的外围将要建起整齐壮丽的建筑，将广场衬托起来。长安门（三座门）外将是绿阴平阔的林阴大道，一直通出城墙，使北京向东西城郊发展。那时的天安门广场将要更显得雄壮美丽了。总之，今后我们的建设，必须强调同环境配合，发展新的来保护旧的，这样才能保存优良伟大的基础，使北京城永远保持着美丽、健康和年轻。

北京城内城外无数的文物建筑，尤其是故宫、太庙（现在的劳动人民文化宫）、社稷坛（中山公园）、天坛、先农坛、孔庙、国子监、颐和园等等，都普遍地受到人们的赞美。但是一件极重要而珍贵的文物，竟没有得到应有的注意，乃至被人忽视，那就是伟大的北京城墙。它的产生，它的变动，它的平面形成凸字形的沿革，充满了历史意义，是一个历史现象辩证的发展的卓越标本，已经在上文叙述过了。至于它的朴实雄厚的壁垒，宏丽嶙峋的城门楼、箭楼、角楼，也正是北京体形环境中不可分离的艺术构成部分。我们还需要首先特别提到，苏联人民称斯摩棱斯克的城墙为苏联的项链，我们北京的城墙，加上那些美丽的城楼，更应称为一串光彩耀目的中国人民的璎珞了。古史上有许多著名的台——古代封建主的某些殿宇是筑在高台上的，台和城墙有时不分——后来发展成为唐宋的阁与楼时，则是在城墙上含有纪念性的建筑物，大半可供人民登临。前者如春秋战国燕和赵的丛台，西汉的未央宫，汉末曹操和东晋石赵在邺城的先后两个铜雀台，后者如唐宋以来由文字流传后世的滕王阁、黄鹤楼、岳阳楼等。宋代的宫前门楼宣德楼的作用也还略像一个特殊的前殿，不只是一个仅具形式的城楼。北京峙峙着许多壮观的城楼角楼，站在上面俯瞰城郊，远览风景，可以供人娱心悦目，舒畅胸襟。但在过去封建时代里，因人民不得登临，事实上是等于放弃了它的一个可贵的作用。今后我们必须好好利用它为广大人民服务。现在前门箭楼早已恰当地作为文娱之用。在北京市各界人民代表会议中，又有人建议用崇文门、宣武门两个城楼做陈列馆，以后不但各城楼都可以同样地利用，并且我们应该把城墙上面的全部面积整理出来，尽量使它发挥它所具有的特长。城墙上面面积宽敞，可以布置花池，栽种

图二

花草，安设公园椅，每隔若干距离的敌台上可建凉亭，供人游息。由城墙或城楼上俯视护城河与郊外平原，远望西山远景或紫禁城宫殿。它将是世界上最特殊的公园之一 —— 一个全长达39.75公里的立体环城公园（见图二）！

　　人民中国的首都正在面临着经济建设、文化建设——市政建设高潮的前夕。解放两年以来，北京已在以递加的速率改变，以适合不断发展的需要。今后一二十年之内，无数的新建筑将要接踵地兴建起来，街道系统将加以改善，千百条的大街小巷将要改观，各种不同性质的区域要划分出来。北京城是必须现代化的；同时北京城原有的整体文物性特征和多数个别的文物建筑又是必须保存的。我们必须"古今兼顾，新旧两利"。我们对这许多错综复杂问题应如何处理？是每一个热爱中国人民首都的人所关切的问题。

　　如同在许多其他的建设工作中一样，先进的苏联已为我们解答了这个问题，立下了良好的榜样。在《苏联卫国战争被毁地区之重建》一书中，苏联的建筑史家N·窝罗宁教授说：

"计划一个城市的建筑师必须顾到他所计划的地区生活的历史传统和建筑的传统。在他的设计中，必须保留合理的、有历史价值的一切和在房屋类型和都市计划中，过去的经验所形成的特征的一切；同时这城市或村庄必须成为自然环境中的一部分。……新计划的城市的建筑样式必须避免呆板硬性的规格化，因为它将掠夺了城市的个性，他必须采用当地居民所珍贵的一切。

"人民在便利、经济和美感方面的需要，他们在习俗与文化方面的需要，是重建计划中所必须遵守的第一条规则。……"

窝罗宁教授在他的书中举办了许多实例。其中一个被称为"俄罗斯的博物院"的诺夫哥洛城，这个城的"历史性文物建筑比任何一个城都多"。

它的重建是建筑院院士舒舍夫负责的。他的计划作了依照古代都市计划制度重建的准备，当然加上现代化的改善。……在最卓越的历史文物建筑周围的空地将布置成为花园，以便取得文物建筑的观景。若干组的文物建筑群将被保留为国宝；……

关于这城……的新建筑样式，建筑师们很正确地拒绝了庸俗的"市侩式"建筑，而采取了被称为"地方性的拿破仑时代的"建筑。因为它是该城原有建筑中最典型的样式。……

……建筑学者们指出：在计划重建新的诺夫哥洛的设计中，要给予历史性文物建筑以有利的位置，使得在远处近处都可以看见它们的原则的正确性。……

"对于许多类似诺夫哥洛的古俄罗斯城市之重建的这种研讨将要引导使问题得到最合理的解决，因为每一个意见都是对于以往的俄罗斯文物的热爱的表现。……"

怎样建设"中国的博物院"的北京城，上面引录的原则是正确的。让我们向诺夫哥洛看齐，向舒舍夫学习。

（本文虽是作者答应担任下来的任务，但在实际写作进行中，都是同林徽因分工合作，有若干部分还偏劳了她，这是作者应该对读者声明的。）

交蟠龍

北平文物不是化石①

　　北平文物整理的工作近来颇受社会注意，尤其因为在经济凋敝的景况下，毁誉的论说，各有所见。关于这工作之意义和牵涉到的问题，也许有略加申述之必要，使社会人士对于这工作之有无必要，更有真切的认识。

　　北平市之整个建筑部署，无论由都市计划、历史或艺术的观点上看，都是世界上罕见的瑰宝，这早经一般人承认。至于北平全城的体形秩序的概念与创造——所谓形制气魄——实在都是艺术的大手笔，也灿烂而具体地放在我们面前。但更要注意的是：虽然北平是现存世界上中古大都市之"孤本"，它却不仅是历史或艺术的"遗迹"，它同时也还是今日仍然活着的一个大都市，它尚有一个活着的都市问题需要继续不断地解决。

　　今日之北平仍有庞大数目的市民在里面经常生活着，所以北平市仍是这许多市民每日生活的体形环境，它仍在执行着一个活的城市的任务，无论该市——乃至全国——近来经济状况如何凋落，它仍需继续地给予市民正常的居住、交通、工作、娱乐及休息上的种种便利，也就是说它要适应市民日常生活环境所需要的精神或物质的条件，同其他没有文物古迹的都市并无多大分别。所以全市的市容、道路、公园、公共建筑、商店、住宅、公用事业、卫生设备等种种方面，都必如其他每城每市那样有许多机构不断地负责修整与管理，是理之当然。所不同的是北平市内年代久远而有纪念性的建筑物多，而分布在城

① 此文1948年由原"行政院北平文物整理委员会"以单行本印发。

② 邦卑 (Pompeii) 故城，现通译庞贝城，位于意大利南部维苏威火山东南麓，公元79年被火山喷发掩埋，1748年开始发掘，现为历史遗址。——王世仁注

③《连昌宫词》，唐代诗人元稹（779—831）的七言古诗，作于元和十二年（817年）。连昌宫是唐朝的一处行宫，位于河南郡寿安县（今河南省宜阳县）。诗中借一位住在宫旁老人的叙述，描写出自"安史之乱"以来连昌宫废弃衰败的景象。——王世仁注

④ Henry S.Churchill，生于1893年，美国著名建筑师，城市规划理论家，《The city is the people》（Reynal & Hitchcock Newyork, 1945）。——左川注

区各处显著地位者尤多。建筑物受自然的侵蚀倾圮毁坏的趋势一经开端便无限制地进展，绝无止境。就是坍塌之后，拆除残骸清理废址，亦须有管理的机构及相当的经费。故此北平在市政方面比一个通常都市却多了一重责任。

我们假设把北平文物建筑视作废而无用的古迹，从今不再整理，听其自然，则二三十年后，所有的宫殿坛庙牌坊等等都成了断瓦颓垣，如同邦卑（Pompeii）故城②（那是绝对可能的）。试问那时，即不顾全国爱好文物人士的浩叹惋惜，其对于尚居住在北平的全市市民物质与精神上的影响将若何？其不方便与不健全自不待言。在那样颓败倾圮的环境中生活着，到处破廊倒壁，触目伤心，必将给市民愤慨与难堪。一两位文学天才也许可以因此做出近代的《连昌宫词》③，但对于大多数正常的市民必是不愉快的刺激及实际的压迫。这现象是每一个健全的公民的责任心所不许的。论都市计划的价值，北平城原有（亦即现存）的平面配置与立体组织，在当时建立帝都的条件下，是非常完美的体形秩序。就是从现代的都市计划理论分析，如容纳车马主流的交通干道（大街）与次要道路（分达住宅的胡同）之明显而合理的划分，公园（御苑坛庙）分布之适当，都是现代许多大都市所努力而未能达到的。美国都市计划权威Henry S.Churchill④ 在他的近著《都市就是人民》（The city is the people）里，由现代的观点分析北平，赞扬备至。

北平的整个形制既是世界上可贵的孤例，而同时又是艺术的杰作，城内外许多建筑物却又各个的是在历史上、建筑史上、艺术史上的至宝。整个的故宫不必说，其他许多各个的文物建筑大多数是富有历史意义的艺术品。它们综合起来是一个庞大的"历史艺术陈列馆"。历史的文物对于人民有一种特殊的精神影响，最能触发人们对民族对人类的自信心。无论世界何处，人们无不以游览古迹参观古代艺术为快事，亦不自知其所以然。（这几天北平游春的青年们莫不到郊外园苑或较近的天坛、三殿、太庙、北海等处。他们除了意识上地感到天朗气清聚游之乐外，潜意识里还得到我们这些过去文物规制所遗留下美善形体所给予他们精神上的启发及自信的坚定。）无论如何，我们除非否认艺术，否认历史，或否认北平文物在艺术上历史上的价值，则它们必须得到我们的爱护与保存是无可疑问的。

① 文整会实施处，为国民政府旧（故）都文物整理委员会的执行机构。技术负责人杨廷宝（1901—1982），著名建筑大师，当时为基泰工程司（建筑事务所）建筑师；顾问朱桂辛（启钤1872—1964），清末任京师内、外巡警厅丞，民国初年任交通、内务总长兼京都市政督办（市长），是中国近代警察和市政管理的开创者。1928年创办中国营造学社；顾问梁思成、刘敦桢。刘敦桢（1897—1968）毕业于日本东京高等工业学校建筑科，1928年参与创办了中国第一所大学（中央大学）建筑系，1930年加入中国营造学社，任文献部主任；处长为当时北平市长袁良；副处长汪申、谭炳训为工程师（技正），先后任北平市工务局长。——王世仁注

在民国二十三年前后，北平当时市政当局有见于此，并得到北平学术界的赞助与合作，于二十四年成立了故都文物整理委员会，直隶行政院，会辖的执行机关为文整会实施事务处①，由市长工务局长分别兼任正副处长；在技术方面，委托一位对于中国建筑——尤其是明清两代法式——学识渊深的建筑师杨廷宝先生负责，同时委托中国营造学社朱桂辛先生及几位专家做顾问，副处长先后为汪申、谭炳训两先生，他们并以工务局的经常工作与文整工作相配合。自成立以至抗战开始，曾将历史艺术价值最高而最亟待整理的建筑加以修葺。每项工程，在经委员会决定整理之后，都由建筑师会同顾问先做实测调查，然后设计，又复详细审核，方付实施。杨先生在两年多的期间，日间跋涉工地，攀梁上瓦，夜间埋头书案，夜以继日地工作，连星期日都不休息，备极辛劳，为文整工作立下极好的基础和传统精神。修葺的原则最着重地在结构之加强；但当时工作伊始，因市民对于文整工作有等着看"金碧辉煌，焕然一新"的传统式期待；而且油漆的基本功用本来就是木料之保护，所以当时修葺的建筑，在这双重需要之下，大多数施以油漆彩画。至抗战开始时，完成的主要单位有：天坛全部，孔庙，辟雍，智化寺，大高玄殿角楼牌楼，正阳门五牌楼，紫禁城角楼，东、西四牌楼，若干处城楼箭楼，东南角楼，真觉寺（五塔寺）金刚宝座塔，玉泉山玉峰塔等等数十单位。完成了的主要单位有天坛全部等数十单位②。当时尚有其他机关团体使用文物建筑，如故宫博物院、古物陈列所③、中南海及北海公园，对于文物负有保护之责，在当时比较宽裕的经济状况下，也曾修缮了许多建筑物。其中贤明的主管长官，大多在技术上请求文整会或专家的协助。

北平沦陷期间，连伪组织都知道这工作的重要性，不敢停止，由伪建设总署继续做了些小规模的整理，未尝间断。

复员以后，伪建设总署工作曾由工务局暂时继续，但不久战前的一部分委员及技术人员逐渐归来，故又重新成立，并改称北平文物整理委员会，仍隶行政院，执行机构则改称工程处，正副处长仍由市长及工务局长分别兼任。委员会决定文物整理之选择及预算。实施方面，谭先生仍回任副处长，虽然杨先生已离开，因为技术人员大多已是训练多年驾轻就熟的专才，所以完全由工程处负责；

② 完成了的主要单位有天坛全部等数十单位。文中所列已修葺的文物建筑中，大高玄殿角楼（习礼亭）、牌楼为明代建筑，于1954—1955年拆除；东、西四牌楼在1934年—1935年通有轨电车时全部改建，增高加宽，并将梁柱改为钢筋混凝土结构，于1954年拆除。——王世仁注

③ 古物陈列所，1912年建立民国后，将清朝热河行宫（承德避暑山庄）、盛京宫殿（沈阳故宫）的一些重要文物和其他一些社会文物集中到北京，成立古物陈列所，北京故宫乾清门以南的"外朝"部即归该所使用。1947年9月后并入故宫博物院。——王世仁注

④ 《文物·旧书·毛笔》载1948年3月31日《大公报》。作者朱自清（1898—1948），中国现代著名诗人、散文家，时为清华大学教授。——左川注

而每项工程计划，则由委员中对于中国建筑有专门研究者予以最后审核。

复员以后的工作，除却在工务局暂行负责的短期间油饰了天安门及东西三座门外，都是抽梁换柱、修整构架，揭瓦检漏一类的工作，做完了在外面看不见的。有人批评油饰是粉饰太平，老实说，在那唯一的一次中，当时他们的确有"粉饰胜利"的作用。刚在抗战胜利大家复员的兴奋情绪下，这一次的粉饰也是情有可原的。

朱自清先生最近在《文物·旧书·毛笔》④ 一文里提到北平文物整理。对于古建筑的修葺，他虽"赞成保存古物"，而认为"若分别轻重"，则"这种是该缓办的"，他没有"抢救的意思"。他又说"保存只是保存而止，让这些东西像化石一样"。朱先生所谓保存它们到"像化石一样"，不知是否说听其自然之意。果尔，则这种看法实在是只看见一方面的偏见，也可以说是对于建筑工程方面种种问题不大谅解的看法。

单就北平古建筑的目前情形来说，它就牵涉到一个严重问题。假使建筑物果能如朱先生所希望，变成化石，问题就简单了。可惜事与愿违。北平的文物建筑，若不加修缮，在短短数十年间就可以达到破烂的程度。失修倾圮的迅速，不惟是中国建筑如此，在钢筋水泥发明以前的一切建筑物莫不如此，连全部石构的高直式（Gothic）建筑也如此（也许比较可多延数十年）。因为屋顶——连钢筋洋灰上铺油毡的在内——经过相当时期莫不漏，屋顶一漏，梁架即开始腐朽，继续下去就坍塌，修房如治牙补衣，以早为妙，否则"涓涓不壅，将成江河"。在开始浸漏时即加修理，所费有限，愈拖延则工程愈大，费用愈繁。不惟如此，在开始腐朽以至坍塌的期间，还有一段相当长久的溃烂时期。溃烂到某阶段时，那些建筑将成为建筑条例中所谓"危险建筑物"，危害市民安全，既不堪重修，又不能听其存在，必须拆除。届时拆除的工作可能比现在局部的小修缮艰巨得多；费用可能增大若干倍。还不只如此，拆除之后，更有善后问题：大堆的碎砖烂瓦，朽梁腐柱，大多不堪再用（北平地下碎砖的蕴藏已经太多了），只是为北平市的清道夫和垃圾车增加了工作，所费人力物力又不知比现在修缮的费用增大多少（现在文整工作就遭遇了一部分这种令人不愉快而必须的拆除及清理废址的工作）。到那时北平市不惟丧失了无法挽回

的美善的体形环境，丧失了无可代替的历史艺术文物，而且为市民或政府增加了本可避免的负担。北平文物整理与否的利害问题，单打这一下算盘，就很显然了。

现在正在修缮中的朝阳门箭楼① 就是一个最典型的例子。这楼于数年前曾经落雷，电流由东面南端第二"金柱"通过下地，把柱子烧毁了大半。现在东南角檐部已经倾斜，若不立即修理，眼看着瓦檐就要崩落，危害城门下出入的行人车马。若拆除，则不能仅拆除一部分，因为少了一根柱子，危害全建筑物的坚固，毁坏倾颓的程度必须继续增进。全部拆除，则又为事实所不允许。除了修葺，别无第二条可走的途径。文整的工作大都是属于这类性质的。

抗战以前，若干使用或保管文物建筑的机关团体，尚能将筹得的款修缮在他们保管下的建筑。如故宫博物院之修葺景山万春亭②，古物陈列所之修葺文渊阁③，北海公园、中山公园之经常修葺园内建筑物等等，对于文物都尽了妥善保管与维护之责。

但这种各行其是的修葺，假使主管人对于所修建筑缺乏认识，或计划不当，可能损害文物。例如冯玉祥在开封，把城砖拆作他用，而在鼓楼屋顶上添了一个美国殖民地时代式（Colonial style）的教堂钟塔④，成了一个不伦不类的怪物，因而开封有了"城墙剥了皮，鼓楼添个把儿"的歌谣。又如北平禄米仓智化寺是明正统年间所建，现在还保存着原来精美的彩画，为明代彩画罕见的佳例。日寇以寺之一部分做了啤酒工厂。复员以后，接收的机关要继续在这古寺里酿制啤酒，若非文整会力争，这一处文物又将毁去。恭王府是清代王府中之最精最大最有来历者，现在归了辅仁大学，但因修改不当，已经面目全非⑤，殊堪惋惜。又如不久以前胡适之先生等五人致李德邻⑥ 先生请饬保护爱惜文物的函中所提各单位，如延庆楼、春藕斋⑦ 等，或失慎焚毁，或局部损坏。所举各例，都是极可惋惜的事实。反之如中央研究院及北平图书馆之先后借用北海镜清斋⑧；松坡图书馆之借用北海快雪堂⑨；清华大学之使用清华园水木清华殿⑩（工字厅），以及玉泉山疗养院最近请得文整会的许可，将原有船坞改建为礼堂；乃至如几家饮食商人之借用北海漪澜堂、五龙亭⑪ 等处，都能顾全原制，而使其适用于现代的需要。使用文物建筑与其保存本可兼收其

① 朝阳门箭楼，朝阳门为北京内城东墙南面城门，建于明正统间（15世纪中），清乾隆时（18世纪中）重修。箭楼于1900年被"八国联军"炮毁，1902年修复，1957年拆除。1958年拆除城楼。——王世仁注

② 景山万春亭，景山顶正中方亭，建于清乾隆十五年（1750年）。——王世仁注

③ 文渊阁，清代宫殿外朝文华殿后部藏书楼，建于清乾隆三十九年（1774年），为贮存《四库全书》之处。——王世仁注

④ 在鼓楼顶屋上添了一个美国殖民地时代式的教堂钟塔，这是二十年代、三十年代中小城市追求西方风格的一种时尚，古建筑中加欧式钟楼较为风行，现存的实例如太原督军府（原巡抚衙门）后面的钟楼，宁波鼓楼屋顶突出的钟楼等。——王世仁注

⑤ 恭王府……因修改不当，已经面目全非。恭王府原为清咸丰六弟恭亲王奕䜣（xin）之府，民国后售于辅仁大学。为满足教学，对王府古建筑进行了一些更新改建，其中后照楼改建为女生宿舍，对原建筑改动最大。——王世仁注

⑥ 李德邻，即李宗仁，当时为国民党政府"北平行辕主任"。——王世仁注

⑦ 延庆楼在清宫西苑中海西岸，建于乾隆二十二年（1757年），原名听鸿楼，民国后一直为政府机关使用，1948年初被烧毁。春藕斋在中海西部丰泽园西侧，明代原有，乾隆二十一年（1756年）命此名。——王世仁注

⑧ 北海镜清斋，在清宫西苑北海北岸，是一组独立的中型园林，建于乾隆二十三年（1758年）。1913年收归民国政府外交部，为接待外宾的公所，改名镜心斋。——王世仁注

⑨ 快雪堂，在清宫西苑北海北岸，原为明代太素殿值房，清乾隆七年至十四年（1742—1749年）改建，名澄观堂。乾隆四十四年因得王羲之"快雪时晴"帖刻石，加建快雪堂，将石刻镶嵌于堂前回廊内，习惯上将整组建筑都称为快雪堂。1922年后，一度作为蔡公祠，纪念反袁（世凯）名将蔡锷（字松坡），设松坡图书馆。——王世仁注

⑩ 水木清华殿，为清华大学中之"清华园"主殿"工字殿"的后殿，北向临池。清华园原为清初御园之一熙春园，道光二年（1822年）赐给皇四子奕詝，咸丰时有少量改、扩建，改名为清华园。1910年划归清华学堂，一直都是学校的办公使用。——王世仁注

⑪ 北海漪澜堂、五龙亭，在清宫西苑北海北岸。漪澜堂在琼华岛北山下，建于乾隆十八年（1753年），包括远帆阁、道宁斋等，多年作为茶室餐馆使用。五龙亭共五亭，在北海北岸水中，明代即有，清乾隆时重修，曾作为夏日茶馆使用。——王世仁注

⑫ 万佛楼，在清宫西苑北海北岸阐福寺内，建于乾隆十一年（1746年），是乾隆帝为其母60岁祝寿所建，多年残破未能修缮。60年代初拆除，70年代初在其基址上建造植物温室。——王世仁注

利的。因此之故，必须特立机构，专司整理修缮以及使用保管之指导与监督。而且战前有力修葺自己保管下文物的机关团体，现在大多无力于此，因此文整工作较前尤为切要。例如北海快雪堂、松坡图书馆屋顶浸漏，午门历史博物馆金柱腐蚀，故宫太和殿东角廊大梁折断，北海万佛楼⑫大梁折断等等，各该机关团体都无力修葺，文整会是唯一能出这笔费用并能解决工程技术的机构。这些处工程现在都正在动工或即将动工中。

　　清华大学有一个工程委员会，凡是校内建筑与工程方面的大事小事，自一座大楼以至一片玻璃，都由该会负责。教职员学生住用学校的房产，无能力对于房屋的修葺负责，也不该擅自改建其任何部分；一切必须经由工程委员会办理。文物整理委员会之于北平市，犹如工程委员会之于清华大学，是同样负责修缮、切实审查工程不可少的机构。

　　还有一点：北平文物虽不能成为不朽的化石，但文整工作也不是为它们苟延残喘而已。木构建筑物的寿命，若保护得当，可能甚长。我亲自实地调查所知，山西五台山佛光寺大殿，唐大中十一年建，至今已一千零九十一年，河北

蓟县独乐寺观音阁及山门，辽统和二年建，已九百六十四年；山西榆次永寿寺雨华宫①，宋大中祥符元年建，已九百四十年。此外宋辽金木构，我调查过的就有四十余处，元明木构更多。日本尚且有飞鸟时代（我隋朝）的京都法隆寺② 已一千三百三十余年。北平文物建筑中最古的木构，社稷坛享殿（中山公园中山堂），建于明永乐十九年，仅五百二十一岁（此外孔庙大成门外戟门可能部分的属于元代），若善于保护，我们可以把它再保留五百年。也许那时早已发明了绝对有效的木材防火防腐剂，这些文物就真可以同化石一样，不用再频加修缮了。到民国五百三十七年时，我们的子孙对于这些文物如何处置，可以听他们自便。在民国三十七年，我们除了整理保存，别无第二个办法。我们承袭了祖先留下这一笔古今中外独一无二的遗产，对于维护它的责任，是我们这 代人所绝不能推诿的。

朱先生将文物、旧书、毛笔三者相提并论。毛笔与旧书本在本文题外，但朱先生既将它们并论，则我不能不提出它们不能并论的理由。毛笔是一种工具，为善事而利器，废止强迫学生用毛笔的规定我十分赞同。旧书是文字所寄的物体，主要的在文字而不在书籍的物体。不过毛笔书籍也有物体本身是一件艺术品或含有历史意义的，与普通毛笔旧书不同，理应有人保存。至于北平文物建筑，它们本身固然也是一种工具，但它们现时已是一种富有历史性而长期存在的艺术品。假使教育部规定"凡中小学学生做国文必须用毛笔；所有教科书必须用木板刻版，用毛边纸印刷，用线装订；所有学校建筑必须采用北平古殿宇形制"；我们才可以把文物、旧书、毛笔三者并论，那样才是朱先生所谓"正是一套"。否则三者是不能并论的。

至于朱先生所提"拨用巨款"的问题由上文的算盘上看来，已显然是极经济的。文整会除了不支薪津的各委员及正副处长外，工程处自技正秘书以至雇员，名额仅三十三人，实在是一个极小而工作效率颇高的机构，所费国币实在有限。朱先生的意思要等衣食足然后做这种不急之务。除了上文所讲不能拖延的理由外，这工作也还有一个理由。说起来可怜，中国自有史以来，恐怕从来没有达到过全国庶众都丰衣足食的理想境界。今日的中国的确正陷在一个衣食极端不足的时期，但是文整工作却正为这经济凋敝土木不兴的北平市里一部分

③ 克里姆林宫，莫斯科中心城堡，始建于12世纪，15世纪末至16世纪中在其中建巨大的教堂，修道院等，城堡初具规模，并成为沙皇的宫殿。18世纪后期进行全面改建，最主要的建筑是1776—1787年建造的枢密院大厦，十月革命后即成为苏联部长会议办公大厦；大约同期建造的元老院大厦，武器库、接待厅等，也都为政府使用。但教堂和修道院则仍作为文物建筑得到保护。——王世仁注
④ 位于意大利佛罗伦萨西南67公里，始建于中世纪，以多建于12—13世纪的塔楼数目众多闻名。——左川注
⑤ 位于巴黎西南85公里处，以建于13世纪的主教堂闻名。——左川注

贫困的工匠解决了他们的职业，亦即他们的衣食问题，同时也帮着北平维持一小部分的工商业。钱还是回到老百姓手里去的。若问"巨款"有多少？今年上半年度可得到五十亿，折合战前的购买力，不到两万元。我们若能每半年以这微小的"巨款"为市民保存下美善的体形环境，为国家为人类保存历史艺术的文物，为现在一部分市民解决衣食问题，为将来的市民免除了可能的惨淡的住在如邦贝故城之中，受到精神刺激和物质上的不便，免除了可能的一笔大开销和负担，实在是太便宜了。

许多国家对于文物建筑都有类似北平文物整理委员会的机构和工作。英国除政府外尚有民间的组织。日本文部省有专管国宝建筑物的部门，例如上文所提京都法隆寺，除去经常修缮外，且因寺在乡间，没有自来水，特拨巨款，在附近山上专建蓄水池，引管入寺，在全寺中装了自动消防设备。法国有美术部，是这种工作管理的最高机关。意大利也有美术部。苏联的克里姆林宫③，以文物建筑作政府最高行政机构的所在，自不待说，其他许多中世纪以来的文物建筑，莫不在政府管理保护之下。每个民族每个国家莫不爱护自己的文物，因为文物不惟是人民体形环境之一部分，对于人民除给予通常美好的环境所能刺发的愉快感外，且更有触发民族自信心的精神能力。他们不惟爱护自己的文物，而且注意到别国的文物和活动。1936年伦敦的中国艺术展览会中，英美法苏德比瑞挪丹等国都贡献出多件他们所保存的中国精品。战时我们在成都发掘王建墓，连纳粹的柏林广播电台都作为重要的文化新闻予以报道。美军在欧洲作战时，每团以上都有"文物参谋"——都是艺术家和艺术史家，其中许多大学教授——协助指挥炮火，避免毁坏文物。意大利 San Gimignano④ 之攻夺，一个小小山城里林立着十三座中世纪的钟楼，攻下之后，全城夷为平地，但是教堂无恙，十三座钟楼只毁了一座。法国 Chartres⑤ 著名的高直时代大教堂，在一个德军主要机场的边沿上，机场接受了几千吨炸弹，而教堂只受了一处——仅仅一处（！）——碎片伤。对于文物艺术之保护是连战时敌对的国际界限也隔绝不了的，何况我们自己的文物。我们对于北平文物整理之必然性实在不应再有所踌躇或怀疑！

（原题目：北平文物必须整理与保存）

北京的城墙应该留着吗①

北京成为新中国的新首都了。新首都的都市计划即将开始，古老的城墙应该如何处理，很自然地成了许多人所关心的问题。处理的途径不外拆除和保存两种。城墙的存废在现代的北京都市计划里，在市容上，在交通上，在城市的发展上，会发生什么影响，确是一个重要的问题，应该慎重地研讨，得到正确的了解，然后才能在原则上得到正确的结论。

有些人主张拆除城墙，理由是：城墙是古代防御的工事，现在已失去了功用，它已尽了它的历史任务了；城墙是封建帝王的遗迹；城墙阻碍交通，限制或阻碍城市的发展；拆了城墙可以取得许多砖，可以取得地皮，利用为公路。简单地说，意思是：留之无用，且有弊害，拆之不但不可惜，且有薄利可图。

但是，从不主张拆除城墙的人的论点上说，这种看法是有偏见的，片面的，狭隘的，也缺乏实际的计算的；由全面城市计划的观点看来，都是知其一不知其二的，见树不见林的。

他说：城墙并不阻碍城市的发展，而且把它保留着与发展北京为现代城市不但没有抵触，而且有利。如果发展它的现代作用，它的存在会丰富北京城人民大众的生活，将久远地为我们可贵的环境。

先说它的有利的现代作用。自从18、19世纪以来，欧美的大都市因为工商业无计划、无秩序、无限制地发展，城市本身也跟着演成了野草蔓延式的滋长

① 本文原载1957年7月出版的《新建设》第2卷第6期。——左川注

状态。工业、商业、住宅起先便都混杂在市中心，到市中心积渐地密集起来时，住宅区便向四郊展开。因此工商业随着又向外移。到了四郊又渐形密集时，居民则又向外展移，工商业又追踪而去。结果，市区被密集的建筑物重重包围。在伦敦、纽约等市中心区居住的人，要坐三刻钟乃至一小时以上的地道车才能达到郊野。市内之枯燥嘈杂，既不适于居住，也渐不适于工作，游息的空地都被密集的建筑物和街市所侵占，人民无处游息，各种行动都忍受交通的拥挤和困难。所以现代的都市计划，为市民身心两方面的健康，为解除无限制蔓延的密集，便设法采取了将城市划分为若干较小的区域的办法。小区域之间要用一个园林地带来隔离。这种分区法的目的在使居民能在本区内有工作的方便，每日经常和必要的行动距离合理化，交通方便及安全化；同时使居民很容易接触附近郊野田园之乐，在大自然里休息；而对于行政管理方面，也易于掌握。北京在二十年后，人口可能增加到四百万人以上，分区方法是必须采用的。靠近城墙内外的区域，这城墙正可负起它新的任务。利用它为这种现代的区间的隔离物是很方便的。

这里主张拆除的人会说：隔离固然是隔离了，但是你们所要的园林地带在哪里？而且隔离了交通也就被阻梗了。

主张保存的人说：城墙外面有一道护城河，河与墙之间有一带相当宽的地，现在城东、南、北三面，这地带上都筑了环城铁路。环城铁路因为太近城墙，阻碍城门口的交通，应该拆除向较远的地方展移。拆除后的地带，同护城河一起，可以做成极好的"绿带"公园。护城河在明正统年间，曾经'两涯甃以砖石'，将来也可以如此做。将来引导永定河水一部分流入护城河的计划成功之后，河内可以放舟钓鱼，冬天又是一个很好的溜冰场。不惟如此，城墙上面，平均宽度约十公尺以上，可以砌花池，栽植丁香、蔷薇一类的灌木，或铺些草地，种植草花，再安放些园椅。夏季黄昏，可供数十万人的纳凉游息。秋高气爽的时节，登高远眺，俯视全城，西北苍苍的西山，东南无际的平原，居住于城市的人民可以这样接近大自然，胸襟壮阔。还有城楼角楼等可以辟为陈列馆，阅览室，茶点铺。这样一带环城的文娱圈，环城立体公园，是全世界独一无二的。北京城内本来很缺乏公园空地，解放后

皇宫禁地都是人民大众工作与休息的地方；清明前后几个周末，郊外颐和园一天的门票曾达到八九万张的记录，正表示北京的市民如何迫切地需要假日休息的公园。古老的城墙正在等候着负起新的任务，它很方便地在城的四面，等候着为人民服务，休息他们的疲劳筋骨，培养他们的优美情绪，以民族文物及自然景色来丰富他们的生活。

不惟如此，假使国防上有必需时，城墙上面即可利用为良好的高射炮阵地。古代防御的工事在现代还能够再尽一次历史任务！

这里主张拆除者说，它是否阻碍交通呢？

主张保存者回答说：这问题只在选择适当地点，多开几个城门，便可解决的。而且现代在道路系统的设计上，我们要控制车流，不使它像洪水一般地到处"泛滥"，而要引导它汇集在几条干道上，以联系各区间的来往。我们正可利用适当位置的城门来完成这控制车流的任务。

但是主张拆除的人强调着说：这城墙是封建社会统治者保卫他们的势力的遗迹呀，我们这时代既已用不着，理应拆除它的了。

回答是：这是偏差幼稚的看法。故宫不是帝王的宫殿吗？它今天是人民的博物院。天安门不是皇宫的大门吗？中华人民共和国的诞生就是在天安门上由毛主席昭告全世界的。我们不要忘记，这一切建筑体形的遗物都是古代多少劳动人民创造出来的杰作，虽然曾经为帝王服务，被统治者所专有，今天已属于人民大众，是我们大家的民族纪念文物了。

同样的，北京的城墙也正是几十万劳动人民辛苦事迹所遗留下的纪念物。历史的条件产生了它，它在各时代中形成并执行了任务，它是我们人民所承继来的北京发展史在体形上的遗产。它那凸字形特殊形式的平面就是北京变迁发展史的一部分说明，各时代人民辛勤创造的史实，反映着北京的成长和文化上的进展。我们要记着，从前历史上易朝换代是一个统治者代替了另一个统治者，但一切主要的生产技术及文明的，艺术的创造，却总是从人民手中出来的；为生活便利和安心工作的城市工程也不是例外。

简略说来，1234年元人的统治阶级灭了金人的统治阶级之后，焚毁了比今天北京小得多的中都（在今城西南）。到1267年，元世祖以中都东北郊琼华岛

① 六国饭店，位于今东交民巷与正义路交叉路口的东南角，是北京历史上第一家大饭店，始建于1902年，八十年代中期被拆除。
翠明庄，今南河沿大街1号，位于南河沿大街与东华门大街交叉路口的西南角，是1946年中共军调处所在地。
北大三院，原北京大学译文馆（今外语系前身）所在地，位于北河沿大街西侧，今北河沿大街145—147号址。
民主广场，北大红楼北侧广场，今北河沿大街甲83号院内。
中法大学，由蔡元培等人创建于1920年，1925年其文学院移建于今黄城根街甲20号处，位于北河沿大街东侧。

离宫（今北海）为他威权统治的基础核心，古今最美的皇宫之一，外面四围另筑了一周规模极大的，近乎正方形的大城；现在内城的东西两面就仍然是元代旧的城墙部位，北面在现在的北面城墙之北五里之处（土城至今尚存），南面则在今长安街线上。当时城的东南角就是现在尚存的，郭守敬所创建的观象台地点。那时所要的是强调皇宫的威仪，"面朝背市"的制度，即宫在南端，市在宫的北面的布局。当时运河以什刹海为终点，所以商业中心，即"市"的位置，便在钟鼓楼一带。当时以手工业为主的劳动人民便都围绕着这个皇宫之北的市中心而生活。运河是由城南入城的，现在的北河沿和南河沿就是它的故道，所以沿着现时的六国饭店，军管会，翠明庄，北大的三院，民主广场，中法大学河道一直北上①，尽是外来的船舶，由南方将物资运到什刹海。什刹海在元朝便相等于今日的前门车站交通终点的。后来运河失修，河运只达城南，城北部人烟稀少了。而城南却更便于工商业。在1370年前后，明太祖重建城墙的时候，就为了这个原因，将城北面"缩"了五里，建造了今天的安定门和德胜门一线的城墙。商业中心既南移，人口亦向城南集中。但明永乐时迁都北京，城内却缺少修建衙署的地方，所以在1419年，将南面城墙拆了展到现在所在的线上。南面所展宽的土地，以修衙署为主，开辟了新的行政区。现在的司法部街原名"新刑部街"，是由西单牌楼的"旧刑部街"迁过来的。换一句话说，就是把东西交民巷那两条"郊民"的小街"巷"让出为衙署地区，而使郊民更向南移。

现在内城南部的位置是经过这样展拓而形成的。正阳门外也在那以后更加繁荣起来。到了明朝中叶，统治者势力渐弱，反抗的军事威力渐渐严重起来，因为城南人多，所以计划以元城北面为基础，四周再筑一城。故外城由南面开始，当中开辟永定门，但开工之后，发现财力不足，所以马马虎虎，东西未达到预定长度，就将城墙北折，止于内城的南方。于1553年完成了今天这个凸字形的特殊形状。它的形成及其在位置上的发展，明显的是辩证的，处处都反映各时期中政治、经济上的变化及其在军事上的要求。

这个城墙由于劳动的创造，它的工程表现出伟大的集体创造与成功的力量。这环绕北京的城墙，主要虽为防御而设，但从艺术的观点看来，它是一件气魄雄伟，精神壮丽的杰作。它的朴质无华的结构，单纯壮硕的体形，反映出为解决某种的需要，经由劳动的血汗，劳动的精神与实力，人民集体所成功的技术上的创造。它不只是一堆平凡叠积的砖堆，它是举世无匹的大胆的建筑纪念物，磊拓嵯峨，意味深厚的艺术创造。无论是它壮硕的品质，或是它轩昂的外像，或是那样年年历尽风雨甘辛，同北京人民共甘苦的象征意味，总都要引起后人复杂的情感的。

苏联斯摩棱斯克的城墙，周围七公里，被称为"俄罗斯的颈环"，大战中受了损害，苏联人民百般爱护地把它修复。北京的城墙无疑的也可当"中国的颈环"乃至"世界的颈环"的尊号而无愧。它是我们的国宝，也是世界人类的文物遗迹。我们既承继了这样可珍贵的一件历史遗产，我们岂可随便把它毁掉！

那么，主张拆除者又问了：在那有利的方面呢？我们计算利用城墙上那些砖，拆下来协助其他建设的看法，难道就不该加以考虑吗？

这里反对者方面更有强有力的辩驳了。

他说：城砖固然可能完整地拆下很多，以整个北京城来计算，那数目也的确不小。但北京的城墙，除去内外各有厚约一公尺的砖皮外，内心全是"灰土"，就是石灰黄土的混凝土。这些三四百年乃至五六百年的灰土坚硬如同岩石；据约略估计，约有一千一百万吨。假使把它清除，用由二十节十八吨的车皮组成的列车每日运送一次，要八十三年才能运完！请问这一列车在八十三年之中可以运输多少有用的东西。而且这些坚硬的灰土，既不能用以种植，又不能用作建筑材料，用来筑路，却又不够坚实，不适使用；完全是毫无用处的废料。不但如此，因为这混凝土的坚硬性质，拆除时没有工具可以挖动它，还必须使用炸药，因此北京的市民还要听若干年每天不断的爆炸声！还不止如此，即使能把灰土炸开，挖松，运走，这一千一百万吨的废料的体积约等于十一二个景山，又在何处安放呢？主张拆除者在这些问题上面没有费过脑汁，也许是由于根本没有想到，乃至没有知道墙心内有混凝土的问题吧。

就说绕过这样一个问题而不讨论，假设北京同其他县城的城墙一样是比较简单的工程，计算把城砖拆下做成暗沟，用灰土将护城河填平，铺好公路，到底是不是一举两得一种便宜的建设呢?

由主张保存者的立场来回答是：苦心的朋友们，北京城外并不缺少土地呀，四面都是广阔的平原，我们又为什么要费这样大的人力，一两个野战军的人数，来取得这一带之地呢？拆除城墙所需的庞大的劳动力是可以积极生产许多有利于人民的果实的。将来我们有力量建设，砖窑业是必要发展的用不着这样费事去取得。如此浪费人力，同时还要毁掉环绕着北京的一件国宝文物——一圈对于北京形体的壮丽有莫大关系的古代工程，对于北京卫生有莫大功用的环城护城河——这不但是庸人自扰，简直是罪过的行动了。

这样辩论斗争的结果，双方的意见是不应该不趋向一致的。事实上，凡是参加过这样辩论的，结论便都是认为城墙的确不但不应拆除，且应保护整理，与护城河一起作为一个整体的计划，善予利用，使它成为将来北京市都市计划中的有利的，仍为现代所重用的一座纪念性的古代工程。这样由它的物质的特殊和珍贵，形体的朴实雄壮，反映到我们感觉上来，它会丰富我们对北京的喜爱，增强我们民族精神的饱满。

(原题目：关于北京城墙废存问题的讨论)

临走真是不放心，生怕一别即永诀①

今年三月，有机会随同文化部的几位领导同志以及茅以升先生重访阔别三十年的赵州桥，还到同样阔别三十年的正定去转了一圈。地方，是旧地重游；两地的文物建筑，却真有点像旧雨重逢了。对这些历史胜地、千年文物来说，三十年仅似白驹过隙；但对我们这一代人来说，这却是变化多么大——天翻地覆的三十年呀！这些文物建筑在这三十年的前半遭受到令人痛心的摧残、破坏。但在这三十年的后半——更准确地说，在这三十年的后十年，也和祖国的大地和人民一道，翻了身，获得了新的"生命"。其中有许多已经更加健康、壮实，而且也显得"年轻"了。它们都将延年益寿，作为中华民族历史文化的最辉煌的典范继续发出光芒，受到我们子子孙孙的敬仰。我们全国的文物工作者在党和政府的领导下，在文物建筑的维护和重修方面取得的成就是巨大的。

三十年前，当我初次到赵县测绘久闻大名的赵州大石桥——安济桥的时候，兴奋和敬佩之余，看见它那危在旦夕的龙钟残疾老态，又不禁为之黯然怅惘。临走真是不放心，生怕一别即成永诀。当时，也曾为它试拟过重修方案。当然，在那时候，什么方案都无非是纸上谈兵、空中楼阁而已。

解放后，不但欣悉名桥也熬过了苦难的日子，而且也经受住了革命战火的考验；更可喜，不久，重修工作开始了；它被列入全国重点文物保护单位的行

① 本文原载《文物》1964年第7期。——左川注

列。《小放牛》里歌颂的"玉石栏杆",在河底污泥中埋没了几百年后,重见天日了。古桥已经返老还童。我们这次还重验了重修图纸,检查了现状。谁敢说它不能继续雄跨洨河再一个一千三百年!

正定龙兴寺也得到了重修。大觉六师殿的瓦砾堆已经清除,转轮藏和慈氏阁都焕然一新了。整洁的伽蓝与三十年前相比,更似天上人间。

在取得这些成就的同时,作为新中国的文物工作者,我们是否已经做得十全十美了呢? 当然我们不会那样狂妄自大。我们完全知道,我们还是有不少缺点的。我们的工作才刚刚开始,还缺乏成熟的经验。怎样把我们的工作进一步提高? 这值得我们认真钻研。不揣冒昧,在下面提出几个问题和管见,希望抛砖引玉。

整旧如旧与焕然一新

古来无数建筑物的重修碑记都以"焕然一新"这样的形容词来描绘重修的效果,这是有其必然的原因的。首先,在思想要求方面,古建筑从来没有被看做金石书画那样的艺术品,人们并不像尊重殷周铜器上的一片绿锈或者唐宋书画上的苍黯的斑渍那样去欣赏大自然在一些殿阁楼台上留下的烙印。其次是技术方面的要求,一座建筑物重修起来主要是要坚实屹立,继续承受岁月风雨的考验,结构上的要求是首要的。至于木结构上的油饰彩画,除了保护木材,需要更新外,还因剥脱部分,若只片片补画,将更显寒伧。若补画部分模仿原有部分的古香古色,不出数载,则新补部分便成漆黑一团。大自然对于油漆颜色的化学、物理作用是难以在巨大的建筑物上摹拟仿制的。因此,重修的结果就必然是焕然一新了。"七七事变"以前,我曾跟随杨廷宝先生在北京试做过少量的修缮工作,当时就琢磨过这问题,最后还是采取了"焕然一新"的老办法。这已是将近三十年前的事了,但直至今天,我还是认为把一座古文物建筑修得焕然一新,犹如把一些周鼎汉镜用擦铜油擦得油光晶亮一样,将严重损害到它的历史、艺术价值。这也是一个形式与内容的问题。我们究竟应该怎样处理? 有哪些技术问题需要解决? 很值得深入地研究一下。

在砖石建筑的重修上，也存在着这问题。但在技术上，我认为是比较容易处理的。在赵州桥的重修中，这方面没有得到足够的重视，这不能说不是一个遗憾。

我认为在重修具有历史、艺术价值的文物建筑中，一般应以"整旧如旧"为我们的原则。这在重修木结构时可能有很多技术上的困难，但在重修砖石结构时，就比较少些。

就赵州桥而论，重修以前，在结构上，由于二十八道并列的券向两侧倾离，只剩下二十三道了，而其中西面的三（？）道，还是明末重修时换上的。当中的二十道，有些石块已经破裂或者风化；全桥真是危乎殆哉。但在外表形象上，即使是明末补砌的部分，都呈现苍老的面貌，石质则一般还很坚实。两端桥墩的石面也大致如此。这些石块大小都不尽相同，砌缝有些参差，再加上千百年岁月留下的痕迹，赋予这桥一种与它的高龄相适应的"面貌"，表现了它特有的"品格"和"个性"。作为一座古建筑，它的历史性和艺术性之表现，是和这种"品格"、"个性"、"面貌"分不开的。

在这次重修中，要保存这桥外表的饱经风霜的外貌是完全可以办到的。它的有利条件之一是桥券的结构采用了我国发券方法的一个古老传统，在主券之上加了墩背（亦称伏）一层。我们既然把这层墩背改为一道钢筋混凝土拱，承受了上面的荷载，同时也起了搭牵住下面二十八道平行并列的单券的作用，则表面完全可以用原来券面的旧石贴面。即使旧券石有少数要更换，也可以用桥身他处拆下的旧石代替，或者就在旧券石之间，用新石"打"几个"补钉"，使整座桥恢复"健康"、坚固，但不在面貌上"还童"、"年轻"。今天我们所见的赵州桥，在形象上绝不给人以高龄1300岁的印象，而像是今天新造的桥——形与神不相称。这不能不说是美中不足。

与此对比，山东济南市去年在柳埠重修的唐代观音寺（九塔寺）塔是比较成功的。这座小塔已经很残破了，但在重修时，山东的同志们采取了"整旧如旧"的原则。旧的部分除了从内部结构上加固，或者把外面走动部分"归安"之外，尽可能不改，也不换料。补修部分，则用旧砖补砌，基本上保持了这座塔的"品格"和"个性"，给人以"老当益壮"，而不是"还童"的印象。我们应该祝贺山东的同志们的成功，并表示敬意。一切经过试验在九塔寺塔的重修中，还有一个好经验，值得我们效法。

九个小塔都已残破，没有一个塔刹存在。山东同志们在正式施工以前，在地面、在塔上，先用砖干摆，从各个角度观摩，看了改，改了看，直到满意才定案，正式安砌上去。这样的精神值得我们学习。

诚然，九座小塔都是极小的东西，做试验很容易；像赵州桥那样庞大的结构，做试验就很难了。但在赵县却有一个最有利的条件。西门外金代建造的永通桥（也是全国重点保护文物），真是"天造地设"的"试验室"。假使在重修大桥以前，先用这座小桥试做，从中吸取经验教训，那么，现在大桥上的一些缺点，也许就可以避免了。

毛主席指示我们"一切要通过试验"，在文物建筑修缮工作中，我们尤其应该牢牢记住。

古为今用与文物保护

我们保护文物，无例外地是为了古为今用，但用之之道，则各有不同。

有些本来就是纯粹的艺术作品，如书画、造像等，在古代就只作观赏（或膜拜，但膜拜也是"观赏"的一种形式）之用；今用也只供观赏。在建筑中，许多石窟、碑碣、经幢和不可登临的实心塔，如北京的天宁寺塔、妙应寺白塔、赵县柏林寺塔等属于此类。有些本来有些实际用处，但今天不用，而只供观赏的，如殷周鼎爵、汉镜、带钩之类。在建筑中，正定隆兴寺的全部殿、阁，北京天坛祈年殿、皇穹宇等属于此类。当然，这一类建筑，今天若硬要给它"分配"一些实际用途，固然未尝不可，但一般说来，是难以适应今天的任何实际需要的功能的。就是北京故宫，尽管被利用为博物馆，但绝不是符合现代博物馆的要求的博物馆。但从另一角度说，故宫整个组群本身却是更主要的被"展览"的文物。上面所列举的若干类文物和建筑之为今用，应该说主要是为供观赏之用。当然我们还对它进行科学研究。

另外还有一类文物，本身虽古，具有重要的历史、艺术价值，但直至今天，还具有重要实用价值的。全国无数的古代桥梁是这一类中最突出的实例。虽然许多园林中也有许多纯粹为点缀风景的桥，但在横跨河流的交通孔道上的桥，主要的乃至唯一的目的就是交通。赵县西门外永通桥，尽管已残破歪扭，但就在我们在那里视察的不到一小时的时间内，就有五六辆载重汽车和更多的大车从上面经过。重修以前的安济桥也是经常负荷着沉重的交通流量的。

而现在呢，崭新的桥已被"封锁"起来了。虽然旁边另建了一道便桥，但行人车马仍感不便。其实在重修以前，这座大石桥，和今天西门外的小石桥一样，还是经受着沉重的负荷的。现在既然"脱胎换骨"，十分健壮，理应能更好地为交通服务。假使为了慎重起见，可使载重汽车载重兽力车绕行便桥，一般行人、自行车、小型骡马车、牲畜、小汽车等，还是可以通行的。桥不是只供观赏的。重修之后，古桥仍须为今用——同时发挥它作为文物建筑和作为交通桥梁的双重的，既是精神的，又是物质的作用。当然在保护方面，二者之间有矛盾。负责保管这桥的同志只能妥筹办法，而不能因噎废食。

文物建筑不同于其他文物，其中大多在作为文物而受到特殊保护之同时，还要被恰当地利用。应当按每一座或每一组群的具体情况拟订具体的使用和保护办法，还应当教育群众和文物建筑的使用者尊重、爱护。

涂脂抹粉与输血打针

几千年的历史给我们留下了大量的文物建筑。国务院在1961年已经公布了第一批全国重点文物保护单位。在我国几千年历史中，文物建筑第一次真正受到政府的重视和保护。每年国家预算都拨出巨款为修缮、保管文物建筑之用。即使在遭受连年自然灾害的情况下，文物建筑之修缮保管工作仍得到不小的款额。这对我们是莫大的鼓舞。这些钱从我们手中花出去，每一分钱都是工人、农民同志的汗水的结晶，每一分钱都应该花得"铛铛"地响，——把钢用在刀刃上。

问题在于，在文物建筑的重修与维护中，特别是在我国目前经济情况下，什么是"刀刃"？"刀刃"在哪里？

　　我们从历代祖先继承下来的建筑遗产是一份珍贵的文化遗产，但同时也是一个分量不轻的"包袱"。它们绝大部分都是已经没有什么实用价值的东西；它们主要的甚至唯一的价值就是历史或者艺术价值。它们大多数是千百年的老建筑；有砖石建筑、有木构房屋；有些还比较硬朗、结实；有些则"风烛残年"，危在旦夕。对它们进行维修，需要相当大的财力、物力。而在人力方面，按比例说，一般都比新建要投入大得多的工作和时间。我们的主观愿望是把有价值的文物建筑全部修好。但"百废俱兴"是不可能的。除了少数重点如赵县大石桥、北京故宫、敦煌莫高窟等能得到较多的"照顾"外，其他都要排队，分别轻重缓急，逐一处理。但同时又须意识到，这里面有许多都是危在旦夕的"病号"，必须准备"急诊"、随时抢救。抢救需要"打强心针"、"输血"，使"病号""苟延残喘"，稳定"病情"，以待进一步恢复"健康"。对一般的砖石建筑说来，除去残破严重的大跨度发券结构（如重修前的赵县大石桥和目前的小石桥）外，一般都是"慢性病"，多少还可以"带病延年"，急需抢救的不多。但木构架建筑，主要构材（如梁、柱）和结构关键（如脊或檩）的开始蛀蚀腐朽，如不及时"治疗"，"病情"就会迅速发展，很快就"病入膏肓"，救药就越来越困难了。无论我们修缮文物建筑的经费有多少，必然会少于需要的款额或材料、人力的。这种分别轻重缓急、排队逐一处理的情况都将长期间存在。因此，各地文物保管部门的重要工作之一就在及时发现这一类急需抢救的建筑和它们"病症"的关键，及时抢修，防止其继续破坏下去，去把它稳定下来，如同输血、打强心针一样，而不应该"涂脂抹粉"，做表面文章。

　　正定隆兴寺除了重修了转轮藏和慈氏阁之外，还清除了大觉六师殿遗址的瓦砾堆，将原来的殿基和青石佛坛清理出来，全寺环境整洁，这是很好的。但摩尼殿的木构柱梁（过去虽曾一度重修）有许多已损坏到岌岌可危的程度，戒坛也够资格列入"危险建筑"之列了。此外，正定城内还有若干处急需保护以免继续坏下去的文物建筑。今年度正定分到的维修费是不太多的，理应精打细算，尽可能地做些"输血、打针"的抢救工作。但我们所了解到的却是以经费中很大部分去做修补大觉六师殿殿基和佛坛的石作。这是一个对于文物建筑的概念和保护修缮的基本原则的问题。古埃及、希腊、罗马的建筑遗物绝大多数是残破不全的，修缮工作只限于把倾倒坍塌的原石归安本位，而绝不应为添制新的部分。即使有时由于结构的必需而"打"少数"补钉"，亦仅是由于维持某些部分使不致拼不拢或者搭不起来，不得已而为之。大觉六师殿殿基是一个残存的殿基，而且也只是一个残存的殿基。它不同于转轮藏和慈氏阁，丝毫没有修补或再加工的必要。在这里，可以说钢是没有用在刀刃上了。这样的做法，我期期以为不可，实在不敢赞同。

正定城内很值得我们注意的是开元寺钟楼。许多位同志都认为这座钟楼，除了它上层屋顶外，全部主要构架和下檐都是唐代结构。这是一座很不惹人注意的小楼。我们很有条件参照下檐斗拱和檐部结构，并参考一些壁画和实物，给这座小楼恢复一个唐代样式屋顶，在一定程度上恢复它的本来面目。以我们所掌握的对唐代建筑的知识，肯定能够取得"虽不中亦不远矣"的效果，总比现在的样子好得多。估计这项工程所费不大，是一项"事半功倍"的值得做的好事。同时，我们也可以借此进行一次试验，为将来复修或恢复其他唐代建筑的工作取得一点经验。我很同意同志们的这些意见和建议。这座钟楼虽然不是需要"输血打针"的"重病号"，但也可以算是值得"用钢"的"刀刃"吧。

红花还要绿叶托

一切建筑都不是脱离了环境而孤立存在的东西。它也许是一座秀丽的楼阁，也许是一座挺拔的宝塔，也许是平铺一片的纺织厂，也许是四根、六根大烟囱并立的现代化热电站，但都不能"独善其身"。对人们的生活，对城乡的面貌，它们莫不对环境发生一定影响；同时，也莫不受到环境的影响。在文物建筑的保管、维护工作中，这是一个必须予以考虑的方面。文化部规定文物建筑应有划定的保管范围，这是完全必要的。对于划定范围的具体考虑，我想补充几点。除了应有足够的范围，便于保管外，还应首先考虑到观赏的距离和角度问题。范围不可太小，必须给观赏者可以从至少一个角度或两三个角度看见建筑物全貌的足够距离，其中包括便于画家和摄影家绘画、摄影的若干最好的角度。

其次是绿化问题。文物建筑一般最好都有些绿化的环境。但绿化和观赏可能发生矛盾，甚至对建筑物的保护也可能发生矛盾。去年到蓟县看见独乐寺观音阁周围种树离阁太近了，而且种了三四排之多。这些树长大后不仅妨碍观赏，而且树枝会和阁身"打架"，几十年后还可能挤坏建筑；树根还可能伤害建筑物的基础。因此，绿化应进行设计：大树要离建筑物远些，要考虑将来成长后树形与建筑物体形的协调；近处如有必要，只宜种些灌木，如丁香、刺梅之类。

残破低矮的建筑遗址，有些是需要一些绿化来衬托衬托的，但也不可一概而论。正定龙兴寺北半部已有若干棵老树，但南半大觉六师殿址周围就显得秃了些。六师殿址前后若各有一对松柏一类的大树，就会更好些。殿址之北，摩尼殿前的东西配殿遗址，现在用柏树篱一周围起，就使人根本看不到殿址了。这里若用树篱，最好只种三面，正面要敞开，如同三扇屏风，将殿基残址衬托出来。

绿化如同其他艺术一样，也有民族形式问题。我国传统的绿化形式一般都采取自然形式。西方将树木剪成各种几何形体的办法，一般是难与我国环境协调，枯燥无味的。但我们也不应一概拒绝，例如在摩尼殿前配殿基址就可以用剪齐的树屏风。但有些在地面上用树木花草摆成几何图案，我是不敢赞同的。

有若无，实若虚，大智若愚

在重修文物建筑时，我们所做的部分，特别是在不得已的情况下，我们加上去的部分，它们在文物建筑本身面前，应该采取什么样的态度，是我们应该正确认识的问题。这和前面所谈"整旧如旧"事实上是同一问题。

游故宫博物院书画馆的游人无不痛恨乾隆皇帝。无论什么唐、宋、元、明的最珍贵的真迹上，他都要题上冗长的歪诗，打上他那"乾隆御览之宝"、"古稀天子之宝"的图章。他应被判为一名破坏文物的罪在不赦的罪犯。他在爱惜文物的外衣上，拼命地表现自己。我们今天重修文物建筑时，可不要犯他的错误。

前一两年曾见到龙门奉先寺的保护方案，可以借来说明我一些看法。

奉先寺卢舍那佛一组大像原来是有木构楼阁保护的；但不知从什么时候

起（推测甚至可能从会昌灭法时），就已经被毁。一组大像露天危坐已经好几百年，已经成为人们脑子里对于龙门石窟的最主要的印象了。但今天，我们不能让这组中国雕刻史中最重要的杰作之一继续被大自然损蚀下去，必须设法保护，不使再受日晒雨淋。给它做一些掩盖是必要的。问题在于做什么和怎样做。

见到的几个方案都采取柱廊的方式。这可能是最恰当的方式。这解决了"做什么"的问题。

至于怎样做，许多方案都采用了粗壮有力的大石柱，上有雕饰的柱头，下有华丽的柱础；柱上有相当雄厚的檐子。给人的印象略似北京人民大会堂的柱廊。唐朝的奉先寺装上了今天常见的大礼堂或大剧院的门面！这不仅"喧宾夺主"，使人们看不见卢舍那佛的组像，而且改变了龙门的整个气氛。我们正在进行伟大的社会主义建设，在建设中我们的确应该把中国人民的伟大气概表达出来。但这应该表现在长江大桥上，在包钢、武钢上，在天安门广场、长安街、人民大会堂、革命历史博物馆上，而不应该表现在龙门奉先寺上。在这里，新中国的伟大气概要表现在尊重这些文物、突出这些文物。我们所做的一切维修部分，在文物跟前应当表现得十分谦虚，只做小小"配角"，要努力做到"无形中"把"主角"更好地衬托出来，绝不应该喧宾夺主影响主角地位。这就是我们伟大气概的伟大的表现。

在古代文物的修缮中，我们所做的最好能做到"有若无，实若虚，大智若愚"，那就是我们最恰当的表现了。

解放以来，负责保管和维修文物建筑的同志们已经做了很多出色的工作，积累了很多经验，而我自己在具体设计和施工方面却一点也没有做。这次到赵县、正定走马观花一下，回来就大发谬论，累牍盈篇，求全责备，吹毛求疵，实在是荒唐狂妄之极。只好借杨大年一首诗来为自己开脱。诗曰：

鲍老当筵笑郭郎，笑他舞袖太郎当；

若教鲍老当筵舞，定比郎当舞袖长！

（原题目：闲话文物建筑的重修与维护）

金翅鳥

第三部分

　　翻开一部世界建筑史，凡是较优秀的个体建筑或者组群，一条街道或者一个广场，往往都以建筑物形象重复与变化的统一而取胜。说是千篇一律，却又千变万化。

致彭真信——关于人民英雄纪念碑的设计问题①

彭市长：

都市计划委员会设计组最近所绘人民英雄纪念碑草图三种，因我在病中，未能先作慎重讨论，就已匆匆送呈，至以为歉。现在发现那几份图缺点甚多，谨将管见补谏。

以我对于建筑工程和美学的一点认识，将它分析如下。

这次三份图样，除用几种不同的方法处理碑的上端外，最显著的部分就是将大平台加高，下面开三个门洞（图一）。

如此高大矗立的，石造的，有极大重量的大碑，底下不是脚踏实地的基座，而是空虚的三个大洞，大大违反了结构常理。虽然在技术上并不是不能做，但在视觉上太缺乏安全感，缺乏"永垂不朽"的品质，太不妥当了。我认为这是万万做不得的。这是这份图样最严重，最基本的缺点。

在这种问题上，我们古代的匠师是考虑得无微不至的。北京的鼓楼和钟楼就是两个卓越的例子。它们两个相距不远，在南北中轴线上一前一后鱼贯排列着。鼓楼是一个横放的形体，上部是木构楼屋，下部是雄厚的砖筑。因为上部呈现轻巧，所以下面开圆券门洞。但在券洞之上，却有足够的高度的"额头"压住，以保持安全感。钟楼的上部是发券砖筑，比较呈现沉重，所以下面用更高厚的台，高高耸起，下面只开一个比例上更小的券洞。它们一横一直，互相

① 此信系根据梁思成保存的两封不完整的手稿整理的，最后呈彭真的正式信函可能有些许修改。——林洙注

衬托出对方的优点，配合得恰到好处（图二）。

　　但是我们最近送上的图样，无论在整个形体上，台的高度和开洞的做法上，与天安门及中华门的配合上，都有许多缺点。

　　（1）天安门是广场上最主要的建筑物，但是人民英雄纪念碑却是一座新的，同等重要的建筑；它们两个都是中华人民共和国第一重要的象征性建筑物。因此，两者绝不宜用任何类似的形体，又像是重复，而又没有相互衬托的作用（图三）。天安门是在雄厚的横亘的台上横列着的，本身是玲珑的木构殿楼。所以英雄纪念碑就必须用另一种完全不同的形体；矗立峋峙，坚实，根基稳固地立在地上（图四）。若把它浮放在有门洞的基台上，实在显得不稳定，不自然。

　　由下面两图中可以看出，与天安门对比之下，下图（图三）的英雄纪念碑显得十分渺小，纤弱，它的高台仅是天安门台座的具体而微，很不庄严。同时两个相似的高台，相对地削减了天安门台座的庄严印象。而下图（图四）的英雄碑，碑座高而不太大，碑身平地突出，挺拔而不纤弱，可以更好地与庞大，龙盘虎踞，横列着的天安门互相辉映，衬托出对方和自身的伟大。

图一　　　　　　　　　　　　　　　　　图二

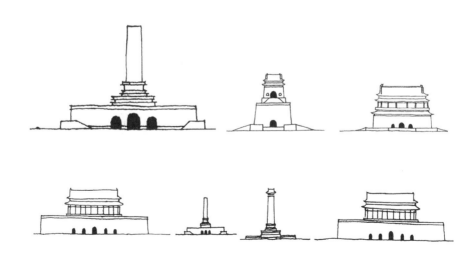

图三　　　　　　　　　　　　　　　　　图四

（2）天安门广场现在仅宽100公尺，即使将来东西墙拆除，马路加宽，在马路以外建造楼房，其间宽度至多亦虽超过一百五六十公尺左右。在这宽度之中，塞入长宽约四十余公尺，高约六七公尺的大台子，就等于塞入了一座约略可容一千人的礼堂的体积，将使广场窒息，使人觉到这大台子是被硬塞入这个空间的，有硬使广场透不出气的感觉。

（3）这个台的高度和体积使碑显得瘦小了。碑是主题，台是衬托，衬托部分过大，主题就吃亏了。而且因透视的关系，在离台二三十公尺以内，只见大台上突出一个纤瘦的碑的上半段（图五）。所以在比例上，碑身之下，直接承托碑身的部分只能用一个高而不大的碑座，外围再加一个近于扁平的台子（为瞻仰敬礼而来的人们而设置的部分），使碑基向四周舒展出去，同广场上的石路面相衔接（图六）。

（4）天安门台座下面开的门洞与一个普通的城门洞相似，是必要的交通

图五　　　　　　　　　　　　　　　　　图六

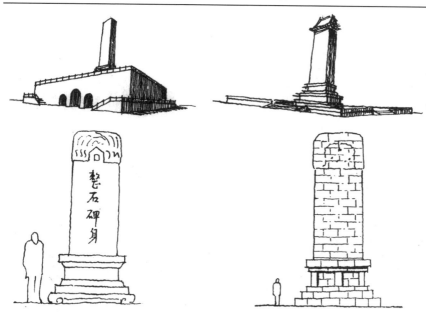

图七　　　　　　　　　　　　　　　　　图八

① 原稿如此。——左川注

孔道。比例上台大洞小，十分稳定。碑台四面空无阻碍，不惟可以绕行，而且我们所要的是人民大众在四周瞻仰。无端端开三个洞窟，在实用上既无必需；在结构上又不合理；比例上台小洞大，"额头"太单薄；在视觉上使碑身漂浮不稳定，实在没有存在的理由。

总之：人民英雄纪念碑是不宜放在高台上的，而高台之下尤不宜开洞。

至于碑身，改为一个没有顶的碑形，也有许多应考虑之点。传统的习惯，碑身总是一块整石（图七）。这个英雄碑因碑身之高大，必须用几百块石头砌成。它是一种类似塔形的纪念性建筑物，若做成碑形，它将成为一块拼凑而成的"百衲碑"（图八），很不庄严，给人的印象很不舒服。关于此点，在一次的讨论会中我曾申述过，张奚若、老舍、钟灵，以及若干位先生都表示赞同。所以我认为做成碑形不合适，而应该是老老实实的多块砌成的一种纪念性建筑物的形体。因此，顶部很重要。我很赞成注意顶部的交代。可惜这三份草图的上部样式都不能令人满意。我愿在这上面努力一次，再草拟几种图样奉呈。

薛子正秘书长曾谈到碑的四面各用一块整石，四块合成，这固然不是绝对办不到，但我们不妨先打一下算盘。前后两块，以长18公尺，宽6公尺，厚1公尺计算，每块重约215吨；两侧的两块，宽4公尺，各重约137吨。我们没有适当的运输工具，就是铁路车皮也仅载重五十吨。到了城区，四块石头要用上等的人力兽力，每日移动数十公尺，将长时间堵塞交通，经过的地方，街面全部损坏，必……①

无论如何，这次图样实太欠成熟，缺点太多，必须多予考虑。英雄碑本身之重要和它所占地点之冲要都非同小可。我以对国家和人民无限的忠心，对英雄们无限的敬仰，不能不汗流浃背，战战兢兢地要它千妥万帖才放胆做去。

此致
敬礼

梁思成
1951年8月29日

致朱德信——关于建筑设计的民族形式问题^①

总司令：

在半年多以前，有一次在勤政殿蒙您召谈建筑和都市计划问题，深感您对于今后建筑发展的关怀，屡次希望再得亲聆教诲而苦不得机会，特意求见又恐过于唐突，徒然耗费您宝贵的时间。

在过去这一年中，我曾协助中直修建处各种建筑设计，但所直接负责的部分都比较简单，没有什么原则上的困难问题发生。最近在中南海内所拟建且即将动工的宿舍楼房，却有一些原则上的问题，现在必须考虑到的。听范离^②同志说，宿舍楼房的设计，在平面的分配上，几经修改，才决定了现在的图样，您都亲自指示要最简朴，切合实用，严格防避浪费，强调规格化的结构，外表朴实，切合实用，门窗格式划一，以节省造工、时间及金钱。现在本此原则，全部三座楼房的平面图已经决定，图样亦蒙采用。我们因得到总司令的关怀和正确的领导，全体工作的人^③都十分兴奋，加倍努力。听说您对于建筑物外表样式还没有十分明确的指示，我却觉得一些原则上的问题，应该在此提出，求您予以考虑。

我们很高兴共同纲领为我们指出了今后工作的正确方向：今后中国的建筑必须是"民族的，科学的，大众的"建筑；而"民族的"则必须发扬我们数千年传统的优点。回顾自19世纪后半以来，中国的建筑已充分地表现了其半殖民

① 此稿据手稿整理。
② 范离，时任中共中央修建办事处主任。——左川注
③ 当时参加中南海宿舍工程的人有郑孝燮、汪国瑜、殷之书、王明之、纪玉堂等。——左川注

地性格。就以北京来说：邮政局和司法部是法国后期文艺复兴式，北京饭店是意大利文艺复兴式，旧国会和外交部是德国文艺复兴式，还有许多沦陷期间的日本近代式，以及到处可见无数不伦不类的"洋式"门面店铺。它们都是民族文化史中可悲可耻的象征。一直到今天，还有许多留学的建筑师和他们在国内传授的弟子们仍然在继续将他们留学国的外国形式生吞活剥地移植到中国来。二十余年来，我在参加中国营造学社的研究工作中，同若干位建筑师曾经在国内做过普遍的调查。在很困难情形下，在日寇侵略以前的华北、东南，及抗战期间的西南，走了十五省、二百余县，测量，摄影，分析，研究过的汉唐以来建筑文物及观察各处城乡民居和传统的都市计划二千余单位，其目的就在寻求实现一种"民族的，科学的，大众的"建筑的途径。

以往的建筑是为少数人的享乐的，今天是为人民；以往是半殖民地的，今后应是民族的，我们只采取西方技术的优点，而不盲从其形式。所以在建筑创造的原则方面，也是与政治配合的，是反帝，反封，反官资的。其他就都是技术上处理问题。

这次我所试拟的中南海几座宿舍形式，虽不算成熟，但自信还没有什么大错误。在多层砖造的楼房上处理各层并列的窗子，以适合现代生活需要和技术，在中国建筑传统中是没有现成的例子的。所以这部分必须创造中国系统的新格式。在试拟的图样中，因为每部分都遵循中国的比例——如门窗避免西洋系统的窄长的长方形而采用中国近似方形的比例，强调横着排列的方式——都还能表现中国的风格，至少还老实安静，不是西式的翻本。并且在表现此风格的程序中，在结构技术上是完全忠实于这项工程之为砖造的事实的，没有丝毫勉强或做假之处。

每一时代的建筑总是会映出当时的社会、政治、经济、文化的情形的。这几座楼的本身是我们这时代社会的产物：用砖而不用钢架或石料就表现我们现时的经济力量；在文化方面有自觉地反半殖民地时代的西式翻本样式，努力恢复民族原有的优美成分（小的如瓦顶、屋檐、廊子、花台、大门、挂灯等，大的如整体的比例，墙面的处理，门窗的安排等），就都表现革命的精神和在旧基础上创造新生命的力量。在现阶段中，我们每一次的尝试可能都不很成熟，

有很多缺点，但这条我们总要开始走的路，方向是对的。现在就有许多建筑师们在战战兢兢地希望向着这条路努力进行。

中南海中这几座建筑无疑地将成为中国建筑史中重要的一页。它们在目前更有示范作用。在中国建筑系统中多层楼既是一种新的创造，所以特别需要慎重地在式样上有个原则的决定。并且在北京的故宫三海建筑群中，它们将成为不可分离的构成分子，我们对它的设计更要努力，使它同旧传统接近。例如除平顶部分之外，若有瓦顶部分，我们似乎都应尽可能地用北京式样的瓦顶构造而不应用西式系统中任何瓦顶。这次图中骤看似乎是点缀的瓦顶，其实还是忠于原来的设计的。因为这部分既然特别高出一点，就不必用平顶；有此小部分的瓦顶，能多出很多民族风格趣味，在中南海中是很自然的。这次设计图经过我同几位同志共同努力。如此设计的理由另有详细说明，另纸随图附呈。

我很想恳求您在百忙中给我一点时间，允许我面谒请示，如有问题垂询，我极希望有机会直接一一报告。如蒙您允许，请指定时间，嘱范离同志转告我，或直电清华大学（四局2736至2739，分机32号），当即进城趋谒。

此致

最崇高的敬礼。

梁思成

1950年4月5日

哥林特式柱頭?

致车金铭信——关于湖光阁设计方案的建议①

车专员②：

我两次到湛江，都承热情接待，并惠贻土产手工艺品，感荷殊深。日前接来示并湖光阁设计方案，知道湛郊风景胜地正在进行建设，很高兴。为了把风景区建设好，极愿献一得之见。我也许有过于坦率唐突之处，请原谅。

一、从艺术造型方面来说，一座建筑物，特别是风景区的"观赏建筑"，首先要考虑与环境（自然的和人造的环境）协调。关于莫秀英③墓环境的具体情况，我已记不清楚，因此我基本上已被剥夺了发言权。

二、在艺术造型上，类似这样不高不矮的楼阁，也许长方形平面比正方形的比较容易处理。是否可以改为长方形平面？

三、从实用方面考虑，除了长方形可能更适用外，还要考虑这阁上或阁下的平地上是否准备使游人可以小坐品茶，观赏风景。因此，是否需要一些附属建筑，如廊、榭之类，其中可附设小卖部、茶座、茶炉、厕所等等。这些附属建筑可与阁构成一个小组群，在构图上有高低、主从，由远处望过来，可使整个轮廓线的形象更丰富一些。略如图一。

四、就两个方案的立面图来说，除上面建议改为长方形外，请考虑是否可作如下一些修改？

（a）给予较显著的地方风格。从总体轮廓到梁柱等构件的处理上看，这

① 1964年车金铭致函梁思成，征求对湖光阁设计方案意见，此信是作者的复信，信原存方案设计者——湛江建筑设计室工程师李剑寒处。1972年李退休时交湛江市建筑设计院原总建筑师陈德让保存。1994年初，陈德让将此信寄《世界建筑》主编曾昭奋。以"关于湖光阁设计方案的一封信"为题在《世界建筑》1994年第3期上首次发表。——左川注

② 车金铭（？—1982），时任湛江地区专员公署副专员。——左川注

③ 莫秀英，陈济棠将军（曾任两广宣慰使、国民党中常委）夫人，1948年病逝后葬于湛江湖光岩山顶。——左川注

两个方案基本上采用了北方（特别是北京清朝官式样式）建筑风格。事实上，我国建筑一方面有其共同的民族特征，但同时各地又有其不同的地方风格。一般地说，南方建筑比北方的灵巧，柱、梁都比较瘦细、挺秀，屋角翘起较多。两个方案柱、梁的尺寸、比例，屋角的翘起，以及额枋上还采用故宫三大殿上额枋的装饰花纹，这些都没有什么广东味道。至于各层所用栏杆，不仅是宫廷气味重，而且都是石栏杆，由于材料的特征所形成的形式，用在高处显得笨重，和它所处的位置不相称，应使接近木栏的比例，以免沉重之感。建议设计的同志多看些当地的传统建筑，推敲一下它们的形象和艺术处理的手法，最好还注意材料、结构对这些艺术手法的影响，抓住它的风格的特征，然后结合到钢筋混凝土的性能，做出恰好的形式。因此——

（b）可以把柱、梁、额枋等等构件做得略瘦一些。只要瘦一点就可以使阁显得挺拔轻盈，要避免给人以笨重的印象。例如各层檐下的柱径与柱高之比，按图上量，约为1:10；若酌缩为1:11或1:12，就更近南方味。又如最上层柱头与柱头之间用双重额枋，那是宫殿上的做法，图上额枋不但比例肥短，双重，而且两重距离又近，就显得更加龙钟了。

（c）油漆的颜色和图案花纹也有其地方风格和阶级、等第的特征。宫殿、庙宇多借重色彩以显示其等第。在北方，由于冬季一片枯黄惨淡的灰色，所以一般房屋也用些色彩；而在园林风景区，更需要一些鲜艳的颜色，赋予建

图一

筑物一些生气。但在南方，四季常青，百花不谢，就无须使建筑的颜色与之争妍。南方民居和园林建筑一向沿用朴素淡雅的色调，是有其原因的。在炎热的暑天，过分鲜艳的色彩只能使人烦躁。桂林七星岩山岩上有一座大红柱子的亭子，远望十分刺目。我们这方案上没有注明颜色。在这问题上要十分注意，桂林七星岩的红柱应视作我们的前车之鉴。

至于这两个方案，我冒昧地提出下面几点具体建议。

（d）将正方形平面改为长方形，因为正方形一般比较难于处理，也不太适合于使用。此外并增加一些附属建筑，如上文所述。

（e）将须弥座台基简化为简单的方形石基，加宽一些，也许还可以加高一些。将宫殿式的栏杆改为砖砌透孔的女儿墙。台基的梯步坡度应较室内楼梯坡度缓和，可做成每步13厘米×32厘米或12厘米×33厘米。

（f）除上文所说加长柱高与柱径之比例外，下层柱的绝对尺寸也可以加高一些。中层、上层的柱高则相对地递减。

（g）上两层周围的栏杆不要采用宫殿石栏杆的形式，不要做高大的望柱头，而要近似木栏杆的比例，略如图二。

至于最上一层，建议把栏杆就安在柱与柱之间，不必在外环绕。在方案图上，只有约25厘米，还不到一只脚长度，根本不能站人。

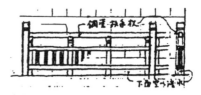

图二

（h）内部和门窗也要注意民族和地方风格。楼梯栏杆可与外露台栏采取相似的形式。

（i）所有一切构件要避免"锋利"的棱角，如▨，最好将角抹去一些，使断面成▨形，以免僵硬冷酷之感。这虽是细节，却是我国建筑和家具的很重要的（但很少受到注意的）特征。在这一点上，建议设计的同志们去一些古建筑和老式桌椅上去细致地看看，最好还用手去摸摸，便能体会这种细致微妙的处理对于视觉上的作用。

（j）要注意绿化的民族风格。这一点前年① 已谈过。不赘。

总之，我建议设计同志们在学习西方现代化的结构技术的同志②，要多向当地民间建筑（由大型建筑到农村住宅）学习。我多少感觉到设计同志可能用了我三十多年前著的《清式营造则例》做参考。假使当真用了，我就不能辞其咎了。那是清代"官式"建筑的"则例"，用在南方或者用在"不摆官架子"的建筑上是不恰当的。我们这座阁要做得更富于地方风格和民间气息，要给人以亲切感，要平易近人，要摆脱那种堂哉皇哉摆架子的模样。

前年我去广西容县看到经略台真武阁。容县离湛江不过200公里，可算是同一地区。现在将拙著③ 一份送上，聊供参考。不忖冒昧，略抒管见，错误之处，尚祈指正。

此致
敬礼

梁思成
1964年3月22日

第四部分

城市是一门科学，它像人体一样有经络、脉搏、肌理，如果你不科学地对待它，它会生病的。

谈 "博" 而 "精" ①

　　每一个同学在毕业的时候都要成为一个秀才。但是我们应该怎样去理解"专"的意义呢？"专"不等于把自己局限在一个"牛角尖"里。党号召我们要"一专多能"，这"一专"就是"精"。"多能"就是"博"。既有所专而又多能，既精于一而又博学：这是我们每个人在求学上应有的修养。

　　求学问需要精，但是为了能精益求精，专得更好就需要博。

　　"博"和"精"不是对立的，而是互相联系着的同一事物的两个方面。假使对于有联系的事物没有一定的知识，就不可能对你所要了解的事物真正地了解。特别是今天的科学技术越来越专门化，而每一专门学科都和许多学科有着不可分割的联系。因此，在我们的专业学习中，为了很好地深入理解某一门学科，就有必要对和它有关的学科具有一定的知识，否则想对本学科真正地深入是不可能的。这是一种中心和外围的关系，这样的"外围基础"是每一门学科所必不可少的。"外围基础"越宽广深厚，就越有利于中心学科之更精更高。

　　拿土建系的建筑学专业和工业与民用建筑专业来说，由于建筑是一门和人类的生产和生活关系最密切的技术科学，一切生产和生活的活动都必须有房屋，而生产和生活的功能要求是极其多样化的。因此，要使我们的建筑满足各式各样的要求，设计人就必须对这些要求有一定的知识。另一方面，人们对于建筑功能的要求是无止境的，科学技术的不断进步就为越来越大限度地满足这

① 本文原载《新清华》1961年7月28日第3版。——左川注

些要求创造出更有利的条件，有利的科学技术条件又推动人们提出更高的要求。如此循环，互为因果地促使建筑科学技术不断地向前发展。

到今天，除了极简单的小型建筑可能由建筑师单独设计外，绝大多数建筑设计工作都必须由许多不同专业的工程师共同担当起来。不同工种之间必然存在着种种矛盾，因此就要求各专业工程师对于其他专业都有一定的知识，彼此了解工作中存在的问题，才能够很好地协作，使矛盾统一，汇合成一个完美的建筑整体。

1958年以来设计大剧院、科技馆、博物馆等几项巨型公共建筑，就是由若干系的十几个专业协作共同担当起来的。在这一次真刀真枪的协作中，工作的实际迫使我们更多地彼此了解。通过这一过程，各工种的设计人对有关工种的问题有了了解，进行设计考虑问题也就更全面了；这就促使着自己专业的设计更臻完善。事实证明，"博"不但有助于"精"，而且是"精"的必要条件。闭关自守、固步自封地求"精"就必然会陷入形而上学的泥坑里。

再拿建筑学这一专业来说。它的范围从一个城市的规划到个体建筑乃至细部装饰的设计。城市规划是国民经济和城市社会生活的反映，必须适应生产和生活的全面要求，因此要求规划设计人员对城市的生产和生活——经济和社会情况有深入的知识。

每一座个体建筑也是由生产或者生活提出的具体要求而进行设计的。大剧院的设计人员就必须深入了解一座剧院从演员到观众，从舞台到票房，从声、光到暖、通、给排水、机、电以及话剧、京剧、歌舞剧、独唱、交响乐等等各方面的要求。建筑的工程和艺术的双重性又要求设计人员具有深入的工程结构知识和高度艺术修养，从新材料新技术一直到建筑的历史传统和民族特征。这一切都说明"博"是"精"的基础，"博"是"精"的必要条件。为了"精"我们必须长期不懈地培养自己专业的"外围基础"。

必须明确：我们所要的"博"并不是漫无边际的无所不知、无所不晓。"博"可以从两个要求的角度去培养。一方面是以自己的专业为中心的"外围基础"的知识。在这方面既要提防漫无边际，又要提防兴之所至而引入歧途，过分深入地去钻研某一"外围"的问题，钻了"牛角尖"。另一方面是为了个

人的文化修养的要求可以对于文学、艺术等方面进行一些业余学习。这可以丰富自己的知识，可以陶冶性灵，是结合劳逸的一种有效且有益的方法。党对这是非常重视的。解放以来出版的大量的文学、艺术图籍，美不胜数的电影、音乐、戏剧、舞蹈演出和各种展览会就是有力的证明。我们应该把这些文娱活动也看做培养我们身心修养的"博"的一部分。

火焰　　　鳳

建筑⊂（社会科学∪技术科学∪美术）①

常常有人把建筑和土木工程混淆起来，以为凡是土木工程都是建筑。也有很多人以为建筑仅仅是一种艺术。还有一种看法说建筑是工程和艺术的结合，但把这艺术看成将工程美化的艺术，如同舞台上把一个演员化装起来那样。这些理解都是不全面的，不正确的。

两千年前，罗马的一位建筑理论家维特鲁威（Vitmvius）曾经指出：建筑的三要素是适用、坚固、美观。从古以来，任何人盖房子都必首先有一个明确的目的，是为了满足生产或生活中某一特定的需要。房屋必须具有与它的需要相适应的坚固性。在这两个前提下，它还必须美观。必须三者具备，才够得上是一座好建筑。

适用是人类进行建筑活动和一切创造性劳动的首要要求。从单纯的适用观点来说，一件工具、器皿或者机器，例如一个能用来喝水的杯子，一台能拉二千五百吨货物，每小时跑八十到一百二十公里的机车，就都算满足了某一特定的需要，解决了适用的问题。但是人们对于建筑的适用的要求却是层出不穷，十分多样化而复杂的。比方说，住宅建筑应该说是建筑类型中比较简单的课题了，然而在住宅设计中，除了许多满足饮食起居等生理方面的需要而外，还有许多社会性的问题。例如这个家庭的人口数和辈分（一代，两代或者三代乃至四代），子女的性别和年龄（幼年子女可以住在一起，但到了十二三岁，

① 本文原载《人民日报》1962年4月8日第5版。——左川注

儿子和女儿就需要分住），往往都是在不断发展改变着。生老病死，男婚女嫁。如何使一所住宅能够适应这种不断改变着的需要，就是一个极难尽满人意的难题。又如一位大学教授的住宅就需要一间可以放很多书架的安静的书斋，而一位电焊工人就不一定有此需要。仅仅满足了吃饭、睡觉等问题，而不解决这些社会性的问题，一所住宅就不是一所适用的住宅。

至于生产性的建筑，它的适用问题主要由工艺操作过程来决定。它必须有适合于操作需要的车间；而车间与车间的关系则需要适合于工序的要求。但是既有厂房，就必有行政管理的办公楼，它们之间必然有一定的联系。办公楼里面，又必然要按企业机构的组织形式和行政管理系统安排各种房间。既有工厂就有工人、职员，就必须建造职工住宅（往往是成千上万的工人），形成成街成坊成片的住宅区。既有成千上万的工人，就必然有各种人数、辈分、年龄不同的家庭结构。既有住宅区，就必然有各种商店、服务业、医疗、文娱、学校、幼托机构等等的配套问题。当一系列这类问题提到设计任务书上来的时候，一个建筑设计人员就不得不做一番社会调查研究的工作了。

推而广之，当成千上万座房屋聚集在一起而形成一个城市的时候，从一个城市的角度来说，就必须合理布置全市的工业企业，各级行政机构，以及全市居住、服务、教育、文娱、医卫、供应等等建筑。还有要解决这千千万万的建筑之间的交通运输的街道系统和市政建设等问题，以及城市街道与市际交通的铁路、公路、水路、空运等衔接联系的问题，这一切都必须全面综合地予以考虑。并且还要考虑到城市在今后十年、二十年乃至四五十年间的发展。这样，建筑工作就必须根据国家的社会制度，国民经济发展的计划，结合本城市的自然环境——地理、地形、地质、水文、气候等等和整个城市人口的社会分析来进行工作。这时候，建筑师就必须在一定程度上成为一位社会科学（包括政治经济学）家了。

一个建筑师解决这些问题的手段就是他所掌握的科学技术。对一座建筑来说，当他全面综合地研究了一座建筑物各方面的需要和它的自然环境和社会环境（在城市中什么地区、左邻右舍是些什么房屋）之后，他就按照他所能掌握的资金和材料，确定一座建筑物内部各个房间的面积、体积，予以合

理安排。不言而喻，各个房间与房间之间，分隔与联系之间，都是充满了矛盾的。他必须求得矛盾的统一，使整座建筑能最大限度地满足适用的要求，提出设计方案。

其次，方案必须经过结构设计，用各种材料建成一座座具体的建筑物。这项工作，在古代是比较简单的。从上古到19世纪中叶，人类所掌握的建筑材料无非就是砖、瓦、木、灰、砂、石。房屋本身也仅仅是一个"上栋下宇，以蔽风雨"的"壳子"。建筑工种主要也只有木工、泥瓦工、石工三种。但是今天情形就大不相同了。除了砖、瓦、木、灰、砂、石之外，我们已经有了钢铁、钢筋混凝土、各种合金，乃至各种胶合料、塑料等等新的建筑材料，以及与之同来的新结构、新技术。而建筑物本身内部还多出了许多"五脏六腑，筋络管道"，有"血脉"，有"气管"，有"神经"，有"小肠、大肠"等等。它的内部机电设备——采暖、通风、给水、排水、电灯、电话、电梯、空气调节（冷风、热风）、扩音系统等等，都各是一门专门的技术科学，各有其工种，各有其管道线路系统。它们之间又是充满了矛盾的。这一切都必须各得其所地妥善安排起来。今天的建筑工作的复杂性绝不是古代的匠师们所能想像的。但是我们必须运用这一切才能满足越来越多，越来越高的各种适用上的要求。

因此，建筑是一门技术科学——更准确地说，是许多门技术科学的综合产物。这些问题都必须全面综合地从工程、技术上予以解决。打个比喻，建筑师的工作就和作战时的参谋本部的工作有点类似。

到这里，他的工作还没有完。一座房屋既然建造起来，就是一个有体有形的东西，因而就必然有一个美观的问题。它的美观问题是客观存在的。因此，人们对建筑就必然有一个美的要求。事实是，在人们进入一座房屋之前，在他意识到它适用与否之前，他的第一个印象就是它的外表的形象：美或丑。这和我们第一次认识一个生人的观感的过程是类似的。但是，一个人是活的，除去他的姿容、服饰之外，更重要的还有他的品质、性格、风格等。他可以其貌不扬，不修边幅而无损于他的内在的美。但一座建筑物却不同，尽管它既适用、又坚固，人们却还要求它是美丽的。

因此，一个建筑师必须同时是一个美术家。因此建筑创作的过程，除了要

① 高等数学用的符号：⊂——被包含于；∪——结合。

从社会科学的角度分析并认识适用的问题，用技术科学来坚固、经济地实现一座座建筑以解决这适用的问题外，还必须同时从艺术的角度解决美观的问题。这也是一个艺术创作的过程。

必须明确，这三个问题不是应该分别各个孤立地考虑解决的，而是应该从一开始就综合考虑的。同时也必须明确，适用和坚固、经济的问题是主要的，而美观是从属的、派生的。

从学科的配合来看，我们可以得出这样一个公式：建筑⊂（社会科学∪技术科学∪美术）① 也可以用下图表达出来：这就是我对党的建筑方针——适用、经济，在可能条件下注意美观——如何具体化的学科分析。

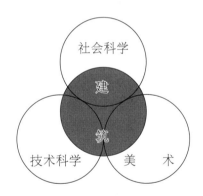

建筑师是怎样工作的①

上次谈到建筑作为一门学科的综合性，有人就问，"那么，一个建筑师具体地又怎样进行设计工作呢？"多年来就不断地有人这样问过。

首先应当明确建筑师的职责范围。概括地说，他的职责就是按任务提出的具体要求，设计最适用，最经济，符合于任务要求的坚固度而又尽可能美观的建筑；在施工过程中，检查并监督工程的进度和质量。工程竣工后还要参加验收的工作。现在主要谈谈设计的具体工作。

设计首先是用草图的形式将设计方案表达出来。如同绘画的创作一样，设计人必须"意在笔先"。但是这个"意"不像画家的"意"那样只是一种意境和构图的构思（对不起，画家同志们，我有点简单化了！），而需要有充分的具体资料和科学根据。他必须先做大量的调查研究，而且还要"体验生活"。所谓"生活"，主要的固然是人的生活，但在一些生产性建筑的设计中，他还需要"体验"一些高炉、车床、机器等等的"生活"。他的立意必须受到自然条件，各种材料技术条件，城市（或乡村）环境，人力、财力、物力以及国家和地方的各种方针、政策、规范、定额、指标等等的限制。有时他简直是在极其苛刻的羁绊下进行创作。不言而喻，这一切之间必然充满了矛盾。建筑师"立意"的第一步就是掌握这些情况，统一它们之间的矛盾。

具体地说：他首先要从适用的要求下手，按照设计任务书提出的要求，拟

① 本文原载《人民日报》1962年4月29日第5版。——左川注

定各种房间的面积、体积。房间各有不同用途，必须分隔；但彼此之间又必然有一定的关系，必须联系。因此必须全面综合考虑，合理安排——在分隔之中求得联系，在联系之中求得分隔。这种安排很像摆"七巧板"。

什么叫合理安排呢？举一个不合理的（有点夸张到极端化的）例子。假使有一座北京旧式五开间的平房，分配给一家人用。这家人需要客厅、餐厅、卧室、卫生间、厨房各一间。假使把这五间房间这样安排：

可以想像，住起来多么不方便！客人来了要通过卧室才走进客厅；买来柴米油盐鱼肉蔬菜也要通过卧室、客厅才进厨房；开饭又要端着菜饭走过客厅、卧室才到餐厅；半夜起来要走过餐厅才能到卫生间解手！只有"饭前饭后要洗手"比较方便。假使改成这样（见图一）就比较方便合理了。

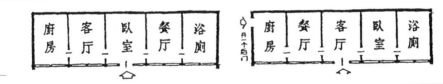

图一

当一座房屋有十几、几十，乃至几百间房间都需要合理安排的时候，它们彼此之间的相互关系就更加多方面而错综复杂，更不能像我们利用这五间老式平房这样通过一间走进另一间，因而还要加上一些除了走路之外更无他用的走廊、楼梯之类的"交通面积"。房间的安排必须反映并适应组织系统或生产程序和生活的需要。这种安排有点像下棋，要使每一子、每一步都和别的棋子有机地联系着，息息相关；但又须有一定的灵活性以适应改作其他用途的可能。当然，"适用"的问题还有许多其他方面，如日照（朝向）、避免城市噪音、通风等等，都要在房间布置安排上给予考虑。这叫做"平面布置"。

但是平面布置不能单纯从适用方面考虑。必须同时考虑到它的结构。房间有大小高低之不同，若完全由适用决定平面布置，势必有无数大小高低不同、参差错落的房间，建造时十分困难，外观必杂乱无章。一般地说，一座建筑物的外墙必须是一条直线（或曲线）或不多的几段直线。里面的隔断墙也必须按为数不太多的几种距离安排；楼上的墙必须砌在楼下的墙上或者一根梁

上。这样，平面布置就必然会形成一个棋盘式的网格。即使有些位置上不用墙而用柱，柱的位置也必须像围棋子那样立在网格的"十"字交叉点上——不能使柱子像原始森林中的树那样随便乱长在任何位置上。这主要是由于使承托楼板或屋顶的梁的长度不致长短参差不齐而决定的。这叫做"结构网"。（见图二）

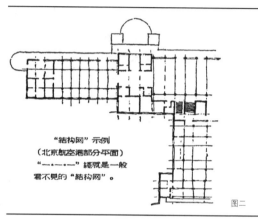

"结构网"示例
（北京航空港部分平面）
"—·—·—"线就是一般看不见的"结构网"。

图二

在考虑平面布置的时候，设计人就必须同时考虑到几种最能适应任务需求的房间尺寸的结构网。一方面必须把许多房间都"套进"这结构网的"框框"里；另一方面又要深入细致地从适用的要求以及建筑物外表形象的艺术效果上去选择，安排他的结构网。适用的考虑主要是对人，而结构的考虑则要在满足适用的大前提下，考虑各种材料技术的客观规律，要尽可能发挥其可能性而巧妙地利用其局限性。

事实上，一位建筑师是不会忘记他也是一位艺术家的"双重身份"的。在全面综合考虑并解决适用、坚固、经济、美观问题的同时，当前三个问题得到圆满解决的初步方案的时候，美观的问题，主要是建筑物的总的轮廓、姿态等问题，也应该基本上得到解决。

当然，一座建筑物的美观问题不仅在它的总轮廓，还有各部分和构件的权衡、比例、尺度、节奏、色彩、表质和装饰等等，犹如一个人除了总的体格身段之外，还有五官、四肢、皮肤等，对于他的美丑也有极大关系。建筑物的每一细节都应当从艺术的角度仔细推敲，犹如我们注意一个人的眼睛、眉毛、鼻子、嘴、手指、手腕等等。还有脸上是否要抹一点脂粉，眉毛是否要画一画。这一切都是要考虑的。在设计推敲的过程中，建筑师往往用许多外景、内部、全貌、局部、细节的立面图或透视图，素描或者着色，或用模型，作为自己研究推敲，或者向业主说明他的设计意图的手段。

当然，在考虑这一切的同时，在整个构思的过程中，一个社会主义的建筑师还必须时时刻刻绝不离开经济的角度去考虑，除了"多、快、好"之外，还必须"省"。

一个方案往往是经过若干个不同方案的比较后决定下来的。我们首都的人民大会堂、革命历史博物馆、美术馆等方案就是这样决定的。决定下来之后，还必然要进一步深入分析、研究，经过多次重复修改，才能作最后定案。

方案决定后，下一步就要做技术设计，由不同工种的工程师，首先是建筑师和结构工程师，以及其他各种——采暖、通风、照明、给水排水等设备工程师进行技术设计。在这阶段中，建筑物里里外外的一切，从房屋的本身的高低、大小、每一梁、一柱、一墙、一门、一窗、一梯、一步、一花、一饰，到一切设备，都必须用准确的数字计算出来，画成图样。恼人的是，各种设备之间以及它们和结构之间往往是充满了矛盾的。许多管道线路往往会在墙壁里面或者顶棚上面"打架"，建筑师就必须会同各工种的工程师做"汇总"综合的工作，正确处理建筑内部矛盾的问题，一直到适用、结构、各种设备本身技术上的要求和它们的作用的充分发挥、施工的便利等方面都各得其所，互相配合而不是互相妨碍、扯皮，然后绘制施工图。

施工图必须准确，注有详细尺寸。要使工人拿去就可以按图施工。施工图有如乐队的乐谱，有综合的总图，有如"总谱"；也有不同工种的图，有如不同乐器的"分谱"。它们必须协调、配合。详细具体内容就不必多讲了。

设计制图不是建筑师唯一的工作。他还要对一切材料、做法编写详细的"做法说明书"，说明某一部分必须用哪些哪些材料如何如何地做。他还要编订施工进度、施工组织、工料用量等等的初步估算，作出初步估价预算。必须根据这些文件，施工部门才能够作出准确的详细预算。

但是，他的设计工作还没有完。随着工程施工开始，他还需要配合施工进度，经常赶在进度之前，提供各种"详图"（当然，各工种也要及时地制出详图）。这些详图除了各部分的构造细节之外，还有里里外外大量细节（有时我们管它叫"细部"）的艺术处理、艺术加工。有些比较复杂的结构、构造和艺术要求比较高的装饰性细节，还要用模型（有时是"足尺"模型）来作为"详图"的一种形式。在施工过程中，还可能临时发现由于设计中或施工中的一些疏忽或偏差而使结构"对不上头"或者"合不上口"的地方，这就需要临时修改设计。请不要见笑，这等窘境并不是完全可以避免的。

除了建筑物本身之外，周围环境的配合处理，如绿化和装饰性的附属"小建筑"（灯杆、喷泉、条凳、花坛乃至一些小雕像等等）也是建筑师设计范围内的工作。

就一座建筑物来说，设计工作的范围和做法大致就是这样。建筑是一种全民性的，体积最大，形象显著，"寿命"极长的"创作"。谈谈我们的工作方法，也许可以有助于广大的建筑使用者，亦即六亿五千万"业主"更多地了解这一行道，更多地帮助我们，督促我们，鞭策我们。

花繩

千篇一律与千变万化[①]

在艺术创作中，往往有一个重复和变化的问题：只有重复而无变化，作品就必然单调枯燥；只有变化而无重复，就容易陷于散漫零乱。在有"持续性"的作品中，这一问题特别重要。我所谓"持续性"，有些是由于作品或者观赏者由一个空间逐步转入另一空间，所以同时也具有时间的持续性，成为时间、空间的综合的持续。

音乐就是一种时间持续的艺术创作。我们往往可以听到在一首歌曲或者乐曲从头到尾持续的过程中，总有一些重复的乐句、乐段——或者完全相同，或者略有变化。作者通过这些重复而取得整首乐曲的统一性。

音乐中的主题和变奏也是在时间持续的过程中，通过重复和变化而取得统一的另一例子。在舒伯特的《鳟鱼五重奏》中，我们可以听到持续贯串全曲的、极其朴素明朗的"鳟鱼"主题和它的层出不穷的变奏。但是这些变奏又"万变不离其宗"——主题。水波涓涓的伴奏也不断地重复着，使你形象地看到几条鳟鱼在这片伴奏的"水"里悠然自得地游来游去嬉戏，从而使你"知鱼之乐"焉。

舞台上的艺术大多是时间与空间的综合持续。几乎所有的舞蹈都要将同一动作重复若干次，并且往往将动作的重复和音乐的重复结合起来，但在重复之中又给以相应的变化；通过这种重复与变化以突出某一种效果，表达出某一种

① 本文原载《人民日报》1962年5月20日第5版。——左川注
② 故宫博物院藏，文物出版社有复制本。——作者注
③ 《人民画报》1961年第六期有这幅名画的部分复制品。——作者注

思想感情。

在绘画的艺术处理上，有时也可以看到这一点。

宋朝画家张择端的《清明上河图》② 是我们熟悉的名画。它的手卷的形式赋予它以空间、时间都很长的"持续性"。画家利用树木、船只、房屋，特别是那无尽的瓦垄的一些共同特征，重复排列，以取得几条街道（亦即画面）的统一性。当然，在重复之中同时还闪烁着无穷的变化。不同阶段的重点也螺旋式地变换着在画面上的位置，步步引人入胜。画家在你还未意识到以前，就已经成功地以各式各样的重复把你的感受的方向控制住了。

宋朝名画家李公麟在他的《放牧图》③ 中对于重复性的运用就更加突出了。整幅手卷就是无数匹马的重复，就是一首乐曲，用"骑"和"马"分成几个"主题"和"变奏"的"乐章"。表示原野上低伏缓和的山坡的寥寥几笔线条和疏疏落落的几棵孤单的树就是它的"伴奏"。这种"伴奏"（背景）与主题间简繁的强烈对比也是画家惨淡经营的匠心所在。

上面所谈的那种重复与变化的统一在建筑物形象的艺术效果上起着极其重要的作用。古今中外的无数建筑，除去极少数例外，几乎都以重复运用各种构件或其他构成部分作为取得艺术效果的重要手段之一。

就举首都人民大会堂为例。它的艺术效果中一个最突出的因素就是那几十根柱子。虽然在不同的部位上，这一列和另一列柱在高低大小上略有不同，但每一根柱子都是另一根柱子的完全相同的简单重复。至于其他门、窗、檐、额等等，也都是一个个依样葫芦。这种重复却是给予这座建筑以其统一性和雄伟气概的一个重要因素；是它的形象上最突出的特征之一。

历史中最突出的一个例子是北京的明清故宫。从（已被拆除了的）中华门（大明门、大清门）开始就以一间接着一间，重复了又重复的千步廊一口气排列到天安门。从天安门到端门、午门又是一间间重复着的"千篇一律"的朝房。再进去，太和门和太和殿、中和殿、保和殿成为一组的"前三殿"，与乾清门和乾清宫、交泰殿、坤宁宫成为一组的"后三殿"的大同小异的重复，就更像乐曲中的主题和"变奏"；每一座的本身也是许多构件和构成部分（乐句、乐段）的重复；而东西两侧的廊、庑、楼、门，又是比较低微的，以重复

为主但亦有相当变化的"伴奏"。然而整个故宫，它的每一个组群，却全部都是按照明清两朝工部的"工程做法"的统一规格、统一形式建造的，连彩画、雕饰也尽如此，都是无尽的重复。我们完全可以说它们"千篇一律"。

但是，谁能不感到，从天安门一步步走进去，就如同置身于一幅大"手卷"里漫步；在时间持续的同时，空间也连续着"流动"。那些殿堂、楼门、廊庑虽然制作方法千篇一律，然而每走几步，前瞻后顾，左睇右盼，那整个景色、轮廓、光影，却都在不断地改变着；一个接着一个新的画面出现在周围，千变万化。空间与时间、重复与变化的辩证统一在北京故宫中达到了最高的成就。

颐和园里的谐趣园，绕池环览整整三百六十度周圈，也可以看到这点。

至于颐和园的长廊，可谓千篇一律之尤者也。然而正是那目之所及的无尽的重复，才给游人以那种只有它才能给的特殊感受。大胆来个荒谬绝伦的设想：那八百米长廊的几百根柱子，几百根梁枋，一根方，一根圆，一根八角，一根六角……一根肥，一根瘦，一根曲，一根直……一根木，一根石，一根铜，一根钢筋混凝土……一根红，一根绿，一根黄，一根蓝……一根素净无饰，一根高浮盘龙，一根浅雕卷草，一根彩绘团花……这样"千变万化"地排列过去，那长廊将成何景象？！！（见图一）

有人会问：那么走到长廊以前，乐寿堂临湖回廊墙上的花窗不是各具一格，千变万化的吗？是的。就回廊整体来说，这正是一个"大同小异"，大统一中的小变化的问题。既得花窗"小异"之谐趣，无伤回廊"大同"之统一。且先以这样花窗小小变化，作为廊柱无尽重复的"前奏"，也是一种"欲扬先抑"的手法。

"千变万化"
——颐和园 长廊 狂想曲——

图一

　　翻开一部世界建筑史，凡是较优秀的个体建筑或者组群，一条街道或者一个广场，往往都以建筑物形象重复与变化的统一而取胜。说是千篇一律，却又千变万化。每一条街都是一轴"手卷"、一首"乐曲"。千篇一律和千变万化的统一在城市面貌上起着重要作用。

　　十二年来，我们规划设计人员在全国各城市的建筑中，在这一点上做得还不能尽满人意。为了多快好省，我们做了大量标准设计，但是"好"中既也包括艺术的一面，就也"百花齐放"。我们有些住宅区的标准设计"千篇一律"到孩子哭着找不到家；有些街道又一幢房子一个样式、一个风格，互不和谐；即使它们本身各自都很美观，放在一起就都"损人"且不"利己"，"千变万化"到令人眼花缭乱。我们既要百花齐放，丰富多彩，却要避免杂乱无章，相互减色；既要和谐统一，全局完整，却要避免千篇一律，单调枯燥。这恼人的矛盾是建筑师们应该认真琢磨的问题。今天先把问题提出，下次再看看我国古代匠师，在当时条件下，是怎样统一这矛盾而取得故宫、颐和园那样的艺术效果的。

从"燕用"——不祥的谶语说起①

传说宋朝汴梁有一位巧匠，汴梁宫苑中的屏扆窗牖，凡是他制作的，都刻上自己的姓名——燕用。后来金人破汴京，把这些门、窗、隔扇、屏风等搬到燕京（今北京），用于新建的宫殿中，因此后人说："用之于燕，名已先兆。"匠师在自己的作品上签名，竟成了不祥的谶语！

其实"燕用"的何止一些门、窗、隔扇、屏风？据说宋徽宗赵佶"竭天下之富"营建汴梁宫苑，金人陷汴京，就把那一座座宫殿"输来燕幽"。金燕京（后改称中都）的宫殿，有一部分很可能是由汴梁搬来的。否则那些屏扆窗牖，也难"用之于燕"。

原来，中国传统的木结构是可以"搬家"的。今天在北京陶然亭公园，湖岸山坡上挺秀别致的叠韵楼是前几年我们从中南海搬去的。兴建三门峡水库的时候，我们也把水库淹没区内元朝建造的道观——永乐宫组群由山西芮城县永乐镇搬到四五十里外的龙泉村附近。

为什么千百年来，我们可以随意把一座座殿堂楼阁搬来搬去呢？用今天的术语来解释，就是因为中国的传统木结构采用的是一种"标准设计，预制构件，装配式施工"的"框架结构"，只要把那些装配起来的标准预制构件——柱、梁、枋、檩、门、窗、隔扇等等拆卸开来，搬到另一个地方，重新再装配起来，房屋就"搬家"了。

① 本文原载《人民日报》1962年7月8日第6版。——左川注
② 《营造法式》，商务印书馆，1919年石邱明手抄本，1929年仿宋重校本。——作者注
③ 《工部工程做法则例》，清雍正间工部颁行本。——作者注

从前盖新房子，在所谓"上梁"的时候，往往可以看到双柱上贴着红纸对联："立柱适逢黄道日，上梁正遇紫微星。"这副对联正概括了我国世世代代匠师和人民对于房屋结构的基本概念。它说明：由于我国传统的结构方法是一种我们今天所称"框架结构"的方法——先用柱、梁搭成框架，在那些横梁直柱所形成的框框里，可以在需要的位置上，灵活地或者砌墙，或者开门开窗，或者安装隔扇，或者空敞着；上层楼板或者屋顶的重量，全部由框架的梁和柱负荷。可见柱、梁就是房屋的骨架，立柱上梁就成为整座房屋施工过程中极其重要的环节，所以需要挑一个"黄道吉日"，需要"正遇紫微星"的良辰。

从殷墟遗址看起，一直到历代无数的铜器和漆器的装饰图案、墓室、画像石、明器、雕刻、绘画和建筑实例，我们可以得出结论：这种框架结构的方法，在我国至少已有三千多年的历史了。

在漫长的发展过程中，世世代代的匠师衣钵相承，积累了极其丰富的经验。到了汉朝，这种结构方法已臻成熟；在全国范围内，不但已经形成了一个高度系统化的结构体系，而且在解决结构问题的同时，也用同样高度系统化的体系解决了艺术处理的问题。由于这种结构方法内在的可能性，匠师们很自然地就把设计、施工方法向标准化的方向推进，从而使得预制和装配有了可能。

至迟从唐代开始，历代的封建王朝，为了统一营建的等级制度，保证工程质量，便利工料计算，同时还为了保证建筑物的艺术效果，在这一结构体系下，都各自制订一套套的"法式"、"做法"之类。到今天，在我国浩如烟海的古籍遗产中，还可以看到两部全面阐述建筑设计、结构、施工的高度系统化的术书——北宋末年的《营造法式》② 和清雍正年间的《工部工程做法则例》③。此外，各地还有许多地方性的《鲁班经》、《木经》之类。它们都是我们珍贵的遗产。

《营造法式》是北宋官家管理营建的"规范"。今天的流传本是"将作少监"李诫"奉敕"重新编修的，于哲宗元符三年（1100年）成书。全书三十四卷，内容包括"总释"、各"作"（共十三种工种）的"制度"、"功限"（劳动定额）、"料例"和"图样"。在序言和"劄子"里，李诫说这书是"考阅旧章，稽参众智"，又"考究经史群书，并勒人匠逐一讲说"而编修成

功的。在八百六十多年前，李诫等不但能总结了过去的"旧章"和"经史群书"的经验，而且能够"稽参"了文人和工匠的"众智"，编写出这样一部具有相当高度系统性、科学性和实用性的技术书，的确是空前的。

从这部《营造法式》中，我们看到它除了能够比较全面综合地考虑到各作制度、料例、功限问题外，联系到上次《随笔》中谈到的重复与变化的问题，我们注意到它还同时极其巧妙地解决了装配式标准化预制构件中的艺术性问题。

《营造法式》中一切木结构的"制度"，"皆以材为祖。材有八等，度屋之大小，因而用之"。这"材"既是一种标准构材，同时各等材的断面的广（高度）厚（宽度）以及以材厚的十分之一定出来的"分"又都是最基本的模数。"凡屋宇之高深，名物（构件）之短长，（屋顶的）曲直举折之势，规矩绳墨之宜，皆以所用材之分，以为制度焉"。从"制度"和宋代实例中看到，大至于整座建筑的平面、断面、立面的大比例、大尺寸，小至于一件件构件的艺术处理、曲线"卷杀"，都是以材分的相对比例而不是以绝对尺寸设计的。这就在很大程度上统一了宋代建筑在艺术形象上的独特风格的高度共同性。当然也应指出，有些构件，由于它们本身的特殊性质，是用实际尺寸规定的。这样，结构、施工和艺术的许多问题就都天衣无缝地统一解决了。同时我们也应注意到，"制度"中某些条文下也常有"随宜加减"的词句。在严格"制度"下，还是允许匠师们按情况的需要，发挥一定的独创的自由。

清《工部工程做法则例》也是同类型的"规范"，雍正十二年（1734年）颁布。全书七十四卷，主要部分开列了二十七座不同类型的具体建筑物和十一等大小斗拱的具体尺寸，以及其他各作"做法"和工料估算法，不像"法式"那样用原则和公式的体裁。许多艺术加工部分并未说明，只凭匠师师徒传授。北京的故宫、天坛、三海、颐和园、圆明园（1860年毁于英法侵略联军）等宏伟瑰丽的组群，就都是按照这"千篇一律"的"做法"而取得其"千变万化"的艺术效果的。

今天，我们为了"多快好省"地建设社会主义，设计标准化、构件预制工厂化、施工装配化是我们的方向。我们在"适用"方面的要求越来越高，越来越多样化、专门化；无数的新材料、新设备在等待着我们使用；因而就要求更新、更经济的设计、结构和施工技术；同时还必须"在可能条件下注意美观"。我们在"三化"中所面临的问题比古人的复杂、繁难何止百十倍！我们应该怎样做？这正是我们需要研究的问题。

从拖泥带水到干净利索①

"结合中国条件，逐步实现建筑工业化"，这是党给我们建筑工作者指出的方向。我们是不可能靠手工业生产方式来"多快好省"地建设社会主义的。

19世纪中叶以后，在一些技术先进的国家里生产已逐步走上机械化生产的道路。惟独房屋的建造，却还是基本上以手工业生产方式施工。虽然其中有些工作或工种，如土方工程，主要建筑材料的生产、加工和运输，都已逐渐走向机械化；但到了每一栋房屋的设计和建造，却还是像千百年前一样，由设计人员个别设计，由建筑工人用双手将一块块砖、一块块石头，用湿淋淋的灰浆垒砌；把一副副的桁架、梁、柱，就地砍锯刨凿，安装起来。这样设计，这样施工，自然就越来越难以适应不断发展的生产和生活的需要了。

第一次世界大战后，欧洲许多城市遭到破坏，亟待恢复、重建，但人力、物力、财力又都缺乏，建筑师、工程师们于是开始探索最经济地建造房屋的途径。这时期他们努力的主要方向在摆脱欧洲古典建筑的传统形式以及繁缛雕饰，以简化设计施工的过程，并且在艺术处理上企图把一些新材料、新结构的特征表现在建筑物的外表上。

第二次世界大战中，造船工业初次应用了生产汽车的方式制造运输舰只，彻底改变了大型船只个别设计、个别制造的古老传统，大大地提高了造船速度。从这里受到启示，建筑师们就提出了用流水线方式来建造房屋的问题，并

① 本文原载《人民日报》1962年9月9日第6版。——左川注

且从材料、结构、施工等各个方面探索研究，进行设计。"预制房屋"成了建筑界研究试验的中心问题。一些试验性的小住宅也试建起来了。

在这整个探索、研究、试验，一直到初步成功，开始大量建造的过程中，建筑师、工程师们得出的结论是：要大量、高速地建造就必须利用机械施工；要机械施工就必须使建造装配化；要建造装配化就必须将构件在工厂预制；要预制构件就必须使构件的型类、规格尽可能少，并且要规格统一，趋向标准化。因此标准化就成了大规模、高速度建造的前提。

标准化的目的在于便于工厂（或现场）预制，便于用机械装配搭盖，但是又必须便于运输，它必须符合一个国家的工业化水平和人民的生活习惯。此外，既是预制，也就要求尽可能接近完成，装配起来后就无需再加工或者尽可能少加工。总的目的是要求盖房子像孩子玩积木那样，把一块块构件搭在一起，房子就盖起来了。因此，标准应该怎样制定？就成了近二十年来建筑师、工程师们不断研究的问题。

标准之制定，除了要从结构、施工的角度考虑外，更基本的是要从适用——亦即生产和生活的需要的角度考虑。这里面的一个关键就是如何求得一些最恰当的标准尺寸的问题。多样化的生产和生活需要不同大小的空间，因而需要不同尺寸的构件。怎样才能使比较少数的若干标准尺寸足以适应层出不穷的适用方面的要求呢？除了构件应按大小分为若干等级外，还有一个极重要的模数问题。所谓"模数"就是一座建筑物本身各部分以及每一主要构件的长、宽、高的尺寸的最大公分数。每一个重要尺寸都是这一模数的倍数。只要在以这模数构成的"格网"之内，一切构件都可以横、直、反、正、上、下、左、右地拼凑成一个方整体，凑成各种不同长、宽、高比的房间，如同摆七巧板那样，以适应不同的需要。管见认为模数不但要适应生产和生活的需要，适应材料特征，便于预制和机械化施工，而且应从比例上的艺术效果考虑。我国古来虽有"材"、"分"、"斗口"等模数传统，但由于它们只适于木材的手工业加工和殿堂等简单结构，而且模数等级太多，单位太小，显然是不能应用于现代工业生产的。

建筑师们还发现仅仅使构件标准化还不够，于是在这基础上，又从两方面

进一步发展并扩大了标准化的范畴。一方面是利用标准构件组成各种"标准单元"，例如在大量建造的住宅中从一户一室到一户若干室的标准化配合，凑成种种标准单元。一幢住宅就可以由若干个这种或那种标准单元搭配布置。另一方面的发展就是把各种房间，特别是体积不太大而内部管线设备比较复杂的房间，如住宅中的厨房、浴室等，在厂内整体全部预制完成，做成一个个"匣子"，运到现场，吊起安放在设计预定的位置上。这样，把许多"匣子"垒叠在一起，一幢房屋就建成了。

从工厂预制和装配施工的角度考虑，首先要解决的是标准化问题。但从运输和吊装的角度考虑，则构件的最大允许尺寸和重量又是不容忽视的。总的要求是要"大而轻"。因此，在吊车和载重汽车能力的条件下，如何减轻构件重量，加大构件尺寸，就成了建筑师、工程师，特别是材料工程师和建筑机械工程师所研究的问题。研究试验的结果：一方面是许多轻质材料，如矿棉、陶粒、泡沫矽酸盐、轻质混凝土等等和一些隔热、隔声材料以及许多新的高强轻材料和结构方法的产生和运用；一方面是各种大型板材（例如一间房间的完整的一面墙作成一整块，包括门、窗、管、线、隔热、隔声、油饰、粉刷等，一应俱全，全部加工完毕），大型砌块，乃至上文所提到的整间房间之预制，务求既大且轻。同时，怎样使这些构件、板材等接合，也成了重要的问题。

机械化施工不但影响到房屋本身的设计，而且也影响到房屋组群的规划。显然，参差错落，变化多端的排列方式是不便于在轨道上移动的塔式起重机的操作的（虽然目前已经有了无轨塔式起重机，但尚未普遍应用）。本来标准设计的房屋就够"千篇一律"的了，如果再呆板地排成行列式，那么，不但孩子，就连大人也恐怕找不到自己的家了。这里存在着尖锐矛盾。在"设计标准化，构件预制工厂化，施工机械化"的前提下圆满地处理建筑物的艺术效果的问题，在"千篇一律"中取得"千变万化"，的确不是一个容易答解的课题，需要作巨大努力。我国前代哲匠的传统办法虽然可以略资借鉴，但显然是不能解决今天的问题的。但在苏联和其他技术先进的国家已经有了不少相当成功的尝试。

"三化"是我们"多快好省"地进行社会主义基本建设的方向。但"三化"的问题是十分错综复杂，彼此牵挂联系着的，必须由规划、设计、材料、结构、施工、建筑机械等方面人员共同研究解决。几千年来，建筑工程都是将原材料运到工地现场加工，"拖泥带水"地砌砖垒石、抹刷墙面、顶棚和门窗、地板的活路。"三化"正在把建筑施工引上"干燥"的道路。近几年来，我国的建筑工作者已开始做了些重点试验，如北京的民族饭店和民航大楼以及一些试点住宅等。但只能说在主体结构方面做到"三化"，而在最后加工完成的许多工序上还是不得不用手工业方式"拖泥带水"地结束。"三化"还很不彻底；其中许多问题我们还未能很好地解决。目前基本建设的任务比较轻了。我们应该充分利用这个有利条件，把"三化"作为我们今后一段时期内科学研究的重点中心问题，以期在将来大规模建设中尽可能早日实现建筑工业化。那时候，我们的建筑工作就不要再拖泥带水了。

第五部分

　　我所唯一可以奉献给祖国的只有我的知识。所以我毫无保留地把我的全部知识献给新中国未来的主人，我的学生。

祝东北大学建筑系第一班毕业生①

诸君！我在北平接到童先生② 和你们的信，知道你们就要毕业了。童先生叫我到上海来参与你们的毕业典礼，不用说，我是十分愿意来的，但是实际上怕办不到，所以写几句话，强当我自己到了。聊以表示我对童先生和你们盛意的感谢。并为你们道喜！

在你们毕业的时候，我心中的感想正合俗语所谓"悲喜交集"四个字，不用说，你们已知道我"悲"的什么，"喜"的什么，不必再加解释了。

回想四年前，差不多正是这几天，我在西班牙京城，忽然接到一封电报，正是高惜冰先生发的，叫我回来组织东北大学的建筑系，我那时还没有预备回来，但是往返电商几次，到底回来了，我在八月中由西伯利亚回国，路过沈阳，与高院长一度磋商，将我在欧洲归途上拟好的草案讨论之后，就决定了建筑系的组织和课程。

我还记得上了头一课以后，有许多同学，有似青天霹雳如梦初醒。才知道什么是"建筑"。有几位一听要"画图"，马上就溜之大吉，有几位因为"夜工"难做，慢慢地转了别系，剩下几位有兴趣而辛苦耐劳的，就是你们几位。

我还记得你们头一张Wash Plate，头一题图案，那是我们"筚路蓝缕，以启山林"的时代，多么有趣，多么辛苦，那时我的心情，正如看见一个小弟弟刚学会走路，在旁边扶持他，保护他，引导他，鼓励他，惟恐不周密。后来林

① 此文发表于《中国建筑》创刊号，1932年11月。东北大学建筑系于1928年由梁思成先生创办于沈阳。1931年日本发动"九一八"事变，东北沦陷。1932年第一届毕业生在上海结业。梁思成先生特撰此文以为贺。——孙大章注
② 童先生指童寯教授（1900－1983），曾任南京东南大学建筑系教授。——孙大章注
③ 林先生指林徽因（1904－1955），梁思成夫人，曾任清华大学建筑系教授。——孙大章注
④ 陈先生指陈植，曾任建工部上海市民用建筑设计院院长兼总建筑师。——孙大章注
⑤ 蔡先生指蔡方荫，曾任中科院学部委员、重工业部顾问工程师、建工部建筑科学研究院副院长兼总工程师、土木学会常务理事、《土木工程学报》主编等。——孙大章注

先生来了，③ 我们一同看护小弟弟，过了他们的襁褓时期，那是我们的第一年。以后陈先生④，童先生和蔡先生⑤ 相继都来了，小弟弟一天一天长大了，我们的建筑系才算发育到青年时期，你们已由二年级而三年级，而在这几年内，建筑系已无形中形成了我们独有的一种Tradition，在东北大学成为最健全，最用功，最和谐的一系。

去年六月底，建筑系已上了轨道，童先生到校也已一年，他在学问上和行政上的能力，都比我高出十倍，又因营造学社方面早有默约，所以我忍痛离开了东北，离开了我那快要成年的兄弟，正想再等一年，便可看他们出来到社会上做一分子健全的国民，岂料不久竟来了蛮暴的强盗，使我们国破家亡，弦歌中辍！幸而这时有一线曙光，就是在童先生领导之下，暂立偏安之局，虽在国难期中，得以赓续工作，这时我要跟着诸位一同向童先生致谢的。

现在你们毕业了。"毕业"二字的意义，很是深长。美国大学不叫毕业，而叫"始业"（Commencement）。这句话你们也许已听了多遍，不必我再来解释，但是事实还是你们"始业"了，所以不得不郑重的提出一下。

你们的业是什么，你们的业就是建筑师的业，建筑师的业是什么，直接的说是建筑物之创造，为社会解决衣食住三者中住的问题，间接的说是文化的记录者。是历史之反照镜，所以你们的问题是十分的繁难，你们的责任是十分的重大。

在今日的中国，社会上一般的人，对于"建筑"是什么，大半没有什么了解，多以（工程）二字把它包括起来，稍有见识的，把它当土木一类，稍不清楚的，以为建筑工程与机械、电工等等都是一样，以机械、电工问题求我解决的已有多起，以建筑问题，求电气工程师解决的，也时有所闻。所以你们（始业）之后，除去你们创造方面，四年来已受了深切的训练，不必多说外，在对于社会上所负的责任，头一样便是使他们知道什么是"建筑"，什么是"建筑师"。

现在对于"建筑"稍有认识，能将它与其他工程认识出来的，固已不多，即有几位其中仍有一部分对于建筑，有种种误解，不是以为建筑是"砖头瓦块"（土木），就以为是"雕梁画栋"（纯美术），而不知建筑之真义，乃在

求其合用，坚固，美。前二者能圆满解决，后者自然产生，这几句话我已说了几百遍，你们大概早已听厌了。但我在这机会，还要把它郑重的提出。希望你们永远记着，认清你的建筑是什么，并且对于社会，负有指导的责任，使他们对于建筑也有清晰的认识。

因为什么要社会认识建筑呢，因建筑的三原素中，首重合用，建筑的合用与否，与人民生活和健康，工商业的生产率，都有直接关系的。因建筑的不合宜，足以增加人民的死亡病痛，足以增加工商业的损失，影响重大，所以唤醒国人，保护他们的生命，增加他们的生产，是我们的义务，在平时社会状况之下，固已极为重要，在现在国难期中，尤为要紧。而社会对此，还毫不知道，所以是你们的责任，把他们唤醒。

为求得到合用和坚固的建筑，所以要有专门人才，这种专门人才，就是建筑师，就是你们！但是社会对于你们，还不认识呢，有许多人问我包了几处工程，或叫我承揽包工，他们不知道我们是包工的监督者，是业主的代表人，是业主的顾问，是业主权利之保障者，如诉讼中的律师或治病的医生，常常他们误认我们为诉讼的对方，或药铺的掌柜——认你为木厂老板，是一件极大的错误，这是你们所必须为他们矫正的误解。

非得社会对于建筑和建筑师有了认识。建筑不会得到最高的发达。所以你们负有宣传的使命，对于社会有指导的义务，为你们的事业，先要为自己开路，为社会破除误解，然后才能有真正的建设，然后才能发挥你们创造的能力。

你们创造力产生的结果是什么，当然是"建筑"，不只是建筑，我们换一句说话，可以说是"文化的记录"——是历史，这又是我从前对你们屡次说厌了的话，又提起来，你们又要笑我说来说去都是这几句话，但是我还是要你们记着，尤其是我在建筑史研究者的立场上，觉得这一点是很重要的，几百年后，你我或如转了几次轮回，你我的作品，也许还供后人对民国廿一年中国情形研究的资料，如同我们现在研究希腊罗马汉魏隋唐遗物一样。但是我并不能因此而告诉你们如何制造历史，因而有所拘束顾忌，不过古代建筑家不知道他们自己地位的重要，而我们对自己的地位，却有这样一种自觉，也是很重要的。

　　我以上说的许多话，都是理论，而建筑这东西，并不如其他艺术，可以空谈玄理解决的，他与人生有密切的关系，处处与实用并行，不能相离脱，讲堂上的问题，我们无论如何使他与实际问题相似，但到底只是假的，与真的事实不能完全相同，如款项之限制，业主气味之不同，气候，地质，材料之影响，工人技术之高下，各城市法律之限制等等问题，都不是在学校里所学得到的，必须在社会上服务，经过相当的岁月，得了相当的经验，你们的教育才算完成，所以现在也可以说，是你们理论教育完毕，实际经验开始的时候。

　　要得实际经验，自然要为已有经验的建筑师服务，可以得着在学校所不能得的许多教益，而在中国与青年建筑师以学习的机会的地方，莫如上海，上海正在要作复兴计划的时候，你们来到上海来，也可以说是一种凑巧的缘分，塞翁失马，犹之你们被迫而到上海来，与你们前途，实有很多好处的。

　　现在你们毕业了，你们是东北大学第一班建筑学生，是"国产"建筑师的始祖，如一只新舰行下水典礼，你们的责任是何等重要，你们的前程是何等的远大！林先生与我两人，在此一同为你们道喜，遥祝你们努力，为中国建筑开一个新纪元！

梁思成

建筑是有民族性的——与郑孝燮的谈话

　　梁公认为建筑除物质功能外，更重要的在于它是艺术。他说"建筑是人类一切造型创造中最大、最复杂、最耐久的一类。所以它能代表的民族思想和艺术更显著、更多方面，也更重要"。同时"建筑的风格并不因材料、技术不同而失去其民族性"。又说建筑的民族特征问题"总有一部分继续着前个时代的特征，另一部分发展着新生的方向，虽有变化而总得继承许多传统的物质，所以无论是哪一样工艺、包括建筑，不论属于什么时代，总是有它的一贯的民族精神的"。可见，"建筑是有民族性的"，这一基本理念，始终像中枢脊髓那样贯通着梁公文脉。

不要轻视聊天——与李道增的谈话

"不要轻视聊天，古人说：'与君一夕谈，胜读十年书。'从聊天中可学到许多东西。过去金岳霖等是我家的座上客。茶余饭后，他、林徽因和我三人常常海阔天空地'神聊'。我从他那里学到不少思想，是平时不注意的。学术上的聊天可以扩大你的知识视野，养成一种较全面的文化气质，启发你学识上的思路。聊天与听课或听学术报告不同，常常是没有正式发表的思想精华在进行交流，三言两语，直接表达了十几年的真实体会。许多科学上的新发现，最初的思想渊源是从聊天中得到的启示，以后才逐渐酝酿出来的。英国剑桥七百年历史出了那么多大科学家，可能与他们保持非正规的聊天传统有一定联系。不同学科的人常在一起喝酒、喝咖啡，自由地交换看法、想法。聊天之意不在求专精，而在求旁通。"听了这席话，我有茅塞顿开胜读十年书之感。

张翔忆梁公

他说：我原来想当一名电机工程师。没想到考入东大后报到时，电机系已满额，只好报了一个当时没有什么人知道的建筑系，准备在暑假后再转入电机系。没想到第一天上课，是梁思成给新同学做入学报告，他回忆说："先生虽然个头不大，但两眼炯炯有神，而且带着对建筑学专业的无比热爱和自信，给人以很大的感染力。先生的第一句话就说'建筑是什么？它是人类文化的历史，是人类文化的记录者，它反映时代的步伐和精神。'最后他总结说，'一切工程离不开建筑，任何一项建设，建筑必须先行，建筑是工程之王。'听了先生的这一篇讲演，我下决心一定要学好建筑不再转系。"张翔先生后来成为美国夏威夷的一位著名建筑师。

张驭寰忆梁公

梁公经常对大家说："年轻人要多学习，多读书，多考察，不要过早地成名，水到渠成，也不必着急"；"要勤俭办事业，要勤俭办研究室，我们既要研究古代建筑，也要注意研究中国近百年建筑。中国营造学社迁入四川三台之时，我们少花钱、多研究"；"我们原定3名大学生，绘图员是10名，主要是进行对古建筑的测绘工作。但是，研究室的人员不能过多"。

以建筑来隐喻建筑——与乐民成的谈话

我考入营建系时，对建筑学所知甚少，曾看过几本中国早期的建筑杂志和几本外国建筑期刊。入学之后才知道建筑学涉及不少工程技术和经济管理方面的知识，与自己的想象相距颇远。我去找梁公请教，梁公非但没有教训我，反而很同情。认为建筑不是"纯艺术"，如有志从事美术转学至中央美院，他会同意。怀着梁公的鼓励之情，我奔赴中央美院，中央美院负责教务的宗其香教授告诉我：过去只有数、理、化成绩不佳者，而文学也上不去的学生，才进美术院校。清华极难考进，你考上了清华反而转学美术，岂不可惜！你还是回清华为好。所以那次我没有转学，但梁公的爱护、宽厚以及对学术自由的支持，给我做出了难忘的榜样。

有一次在毕业设计时，梁公来绘图教室，我请梁公看图，希望多得到指教。岂不料梁公看图后诚挚地说（大意）道："这是大规模的预制住宅设计，我以往做的设计不多，我专致古建筑研究，未曾介入这种砌块住宅，因此提不出中肯的意见。只是觉得住宅一方面要工业化，但也要包含'生活'。你这楼梯间是家居的入口，你看现在它像不像Fireplace（壁炉）？Fireplace温暖，但走不进人。你自己再画一画好不好？总能再好些。"梁公走出绘图教室，我却伫立绘图板旁良久，似有所失，又颇有所得。原来这位大学者如此谦虚真诚，如此尊重人、鼓励人，毫无傲慢之气，而基本概念又是非常清晰。这是我第一次接受建筑设计中人文主义思想和形象隐喻的启蒙。梁公"以建筑来隐喻建筑",这个原则,我过了三十年方才领悟——建筑设计中只能用建筑来比喻建筑——其他建筑以外的庸俗比喻是负面的,只能迎合商家和小市民口味。

研究建筑史所需要的人才

建筑是文化的记录，是历史，它反映时代的步伐。有些同学对建筑历史缺乏正确的认识，以为搞建筑史的都是些老头。这是不对的，搞建筑史的人绝不能是那些老学究。就像中医大夫一样，人们往往以为中医都是带长胡子的老头，却不知道相当多的中医大夫要会武术、推拿，范畴很宽的。建筑史今天真正需要的人才，是要很活跃的、有充沛的体力、会动脑子、有研究才能、能把问题搞清楚的人。绝不是别人把一件古董摆在你面前，让你坐在那儿，慢慢地去品味它。不是这样的，研究建筑史的人，要能敏锐地区别时代的艺术特点，能感到历史的步伐。

要讲真话，要有自己的观点

梁思成总是谆谆教导他的学生要说实话，"说真话，要学会表达自己的意见，说得别人能听得进去，这就不容易，所以不仅是要说实话，还要学会表达能力。给领导给上级，给业主介绍你的方案，你想得很美没有用，你得能说出来，说得很简短很清楚，说得别人能接受，这是很不容易的"。

建筑创作要有激情

梁思成常常对学生说："希望你们喜欢自己的职业，建筑创作要有激情，就像画家一样，一张好的作品，得有那么一种激情，否则这张画在技巧上不论多高明也是只有匠气，而无灵气。同样建筑师不是把一些东西堆砌起来，画出来。建筑师得有想法，有立意，创作在其中，有激情在里面，才能满怀热情地去做。不要挑挑拣拣的，认真对待每一件工作，你才能体会到，你是一个很可爱的建筑师，这个职业是个很好的职业。一定要把感情放进去，比如巴黎的公共厕所就设计得非常好嘛。"

聪明的人只是不再重犯自己的错误

　　梁思成常常对学生说："世界上绝对聪明的人是没有的，绝对正确的人也是没有的，重要的是你能够不再犯同样的错误，并善于改正自己的错误。可能别人看你有错误，觉得你不怎么样，但对你来说，你扔掉了错误，你就前进了一步。所以要经常寻找自己的不足，寻找自己的错误。你们很容易只看到别人的错误，只看到自己的辛苦和努力。这是不对的，你自得其乐自以为是，其结果就永远看不见、抛不掉自己的错误，永远不能进步。"

要学会尊重人

一次，二年级的学生正在上水彩课，梁思成正好经过美术教室，他顺便进去看了看学生的水彩，和学生谈完了色彩的运用后，他看到学生写生的教具是一个陶罐和一个瓷盘子，话题一转，指着罐子和盘子对学生说："今天老师给你们挑了两个很好的教具，罐子和盘子它们放在一起，这里面就有很深的哲理。一个盘子，你滴上几滴水就看见一个很大的水面，你可以一眼就看见它有多少水。但是一个小口的罐子，你却看不见它有多少水，即使装满了，你看见的水面也只是一点点，你把它碰翻了，它洒出来的水也只是一部分，还有很多留在里面。所以要知道盘子里的水绝对不如罐子里的水多，你要想喝到这些水并不容易。你们考上了清华大学，自己觉得很了不起，但那只是一个盘子，是你自己看得最清楚的，一点一滴你都看见了。但是你们的老师则是一个罐子，首先你要认识到他们的容量是很大的，要知道他们的学问都装在肚子里，你是看不见的。老师所具有的本事和美好的东西不是你在课堂上就能看到的。不要只重视名人专家，要学会尊重你周围的人，而且要看到你周围人的本事，不要把自己的分量看得太重了。现在大家都很重视文凭，但是莫宗江先生没有那张可爱的文凭。他有时说说俏皮话，但从不宣讲什么，可是莫先生肚子里装着的几乎是仅只他才有的本事。《营造法式》一书彩画的颜色是错误的，谁又知道对的是什么样，但是莫先生知道。这些在他那小口的罐子外是看不见的，所以你们应当尊重周围的人，你们的老师。不要很浅薄，看不到这一点就很浅薄，这事很重要，尊重你周围的人，尊重一下你的老师。"

与建61班学生的美学讲座

　　建筑系61班的学生都记得梁思成给他们做有关美学的讲座：他先在黑板上画了一串小人，从唐俑中的侍女，到敦煌的飞天，宋明画中的仕女，清代身着满服的女子，直到当代穿旗袍高跟鞋的摩登女郎，然后在黑板上写上"美是有时代感的，它反映时代的精神"，使学生们很容易就领会了这个有关美学的抽象的概念。又如说到"美的应用"，他举了一个亲身经历的例子说：一次在一个宴会上，一位贵夫人穿了一件极其讲究的缎子绣花旗袍，那缎子的颜色、质地都特别高级，而且旗袍上还绣了一个孔雀开屏的图案。但是这位夫人把孔雀的头正好放在她的肚子正中，可以说是肚脐的位置，而把那最美丽的屏放在身后的臀部。这位夫人的身材已略显肥胖，这么一件昂贵的绣花旗袍，恰恰把她身材中最不应当强调的部位给强调了，令人看了极不舒服，弄得很惨。于是他总结说，建筑也一样，装饰不要乱用。要装饰一个结构的构件，但不要为了装饰去做假。不同的场合，不同的对象，需要各种不同的装饰，不要滥用。这个例子很深刻，也很有说服力。同学们常常在处理建筑细部时，回忆起先生讲的这个故事，于是也就很自然地多了一份思考。

城市是一门科学

梁思成常常对学生们说："古建筑绝对是宝，而且越往后越能体会它的宝贵。但是怎样来保护它们，就得在城市的总体规划中把它有机地结合起来，不能撞到谁，就把谁推倒，这是绝对不行的。古建筑是这样，对城市也是一样，对北京这样的文化古城，这样来用它是不行的，将来会有问题的。城市是一门科学，它像人体一样有经络、脉搏、肌理，如果你不科学地对待它，它会生病的。北京城作为一个现代化的首都，它还没有长大，所以它还不会得心脏病、动脉硬化、高血压等病，它现在只会得些孩子得的伤风感冒。可是世界上很多城市都长大了，我们不应该走别人走错了的路，现在没有人相信城市规划是一门科学，但是一些发达国家的经验是有案可查的，早晚有一天你们会看到北京的交通、工业污染、人口等等会有很大的问题。我至今不认为我当初对北京规划的方案是错的（指中央人民政府中心区位置的建议）。只是在细部上还存在很多有待深入解决的问题。"

永远诚恳，永远进步——与黄汇的临别赠言

　　毕业时，学校号召我们去建设边疆。当时我没有什么家庭牵挂，就报名奔赴边疆。临行前梁先生认真地和我长谈："我希望你留下研究中国古建筑，因为你的设计有一点小灵气，语文也还可以，做事还能钻到底，这是把中国古建筑研究工作做出朝气来的基础；但是你有志去房子少的地方盖房子，我不能拖你的后腿。因为将来见面的机会少了，我要认真跟你谈两件事：

　　一是你有明显的优点。优点是诚恳、直言。这方面你小，不懂。我年纪大，经历多，有一种体会，当我一帆风顺很受尊重的时候，没有任何人直言反驳我的任何意见；可是当我受到某些批判时，又变成了一个一无是处的人，很不舒服。而你这个微不足道的小小学生却常常直言驳我，不畏权势（其实是他自己让人"不畏"），和同学们相处也很诚挚，还不算笨，这是我很喜欢教你给你吃点偏食的原因。但是，随着人长大，会变得越来越世故。小孩子个个直言，而大人直言就很可贵。希望你工作之后变成熟的同时不要失去这个优点。坚持直言一辈子是件很不容易的事。"（此后四十年，我至今仍愿意直言，但保留下来的这个"点"只能说是"特点"，很难叫做"优点"，因为直言者不可爱。）

　　二是你还有明显的缺点，就是太喜欢让人夸奖，夸了就晕，自以为好得不得了。其实有好的一面的同时一定还会有不好的地方。你要记住我的话，什么

时候你觉得自己真是顶好顶好比别人都强，没什么可挑剔了，那就正是你停止和开始倒退的时候。不能自满。

当时他的这些话使我想起四年级的时候，我有一个设计方案受到大家的夸奖，飘飘然地拿去给梁先生看。看后他什么夸奖的话也没有说，让我下楼去拿一个碟子、一个碗上去，再把书架下的一个小陶土罐子拿出来，让我灌了大半罐子水，然后对我说："你看，这半罐子水不满，有人会对它在意吗？可是现在你把这水倒在碗和碟子里直到溢出为止。然后人们会惊呼水太多了，水真多。其实，罐子里还剩很多水，罐子里的水才真多，你可千万别把自己捏成碗，更不要捏成碟子，那就没出息了。"

我在回想罐子的事时，先生立刻唤回我的思路，嘱咐我，"每当你做成一件事受夸奖时，一定要冷静地去调查一下还有什么不足，甚至勇敢地问一问有没有错误，认真总结，定出新的目标，这是不断进步的诀窍。千万要改正你的缺点，不要在成绩面前沾沾自喜，甚至跟别人计较自己的功劳有多大。要记住，我今天的话很重要。""当然，我的画也很重要。现在把曾受你夸奖的那张谐趣园的画送给你。"他的话我铭记至今，他的画就是梁先生画集的封面。

我奉献给祖国什么——与林洙的谈话

"我所唯一可以奉献给祖国的只有我的知识。所以我毫无保留地把我的全部知识献给新中国未来的主人，我的学生。"

林洙，著名建筑学家梁思成的遗孀，1962年与梁思成结婚，陪伴梁思成走过了十一年的艰难岁月。1928年出生于福建省福州市，1953年入清华大学梁思成主持的中国建筑史编撰小组工作。自1973年起全力以赴整理梁思成遗稿，先后参与编辑了《梁思成文集》、《梁思成建筑画集》、《梁思成全集》等书，另著有《大匠的困惑》、《建筑师梁思成》、《叩开鲁班的大门——中国营造学社史略》等书。

花繩

图书在版编目（CIP）数据

大拙至美：梁思成最美的文字建筑／梁思成著；林洙编.
－北京：中国青年出版社，2013.8（2023.2重印）
ISBN 978-7-5153-1856-1

Ⅰ.①大… Ⅱ.①梁… ②林… Ⅲ.①建筑学—文集
Ⅳ.①TU-53

中国版本图书馆CIP数据核字（2013）第185651号

作　　者：梁思成
编　　者：林　洙
责任编辑：王飞宁
装帧设计：瞿中华
出版发行：中国青年出版社
社　　址：北京市东城区东四十二条21号
网　　址：www.cpy.com.cn
营销中心：010-57350370
编辑中心：010-57350501
电子邮件：wangfeining@126.com
印　　刷：北京科信印刷有限公司
经　　销：新华书店
规　　格：700×1000mm 1/16
印　　张：17
字　　数：220千字
印　　数：41001-45000册
版　　次：2013年8月北京第1版
印　　次：2023年2月北京第13次印刷
定　　价：66.00元

本图书如有印装质量问题，请凭购书发票与质检部联系调换
联系电话：010-57350337

現存清代建築物，最偉大者莫如北平故宮，清宮規模雖肇自明代，然現存各殿宇，則多數爲清代所建，今世界各國之帝皇宮殿，規模之大、面積之廣，無與倫比。

——梁思成

北平故宮太和殿右翼門——西面立面、東面立面

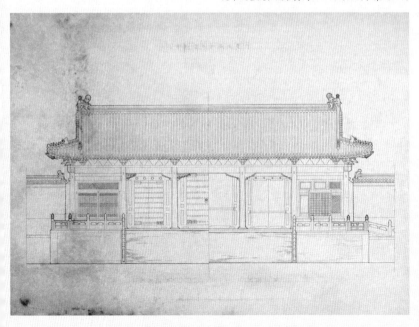

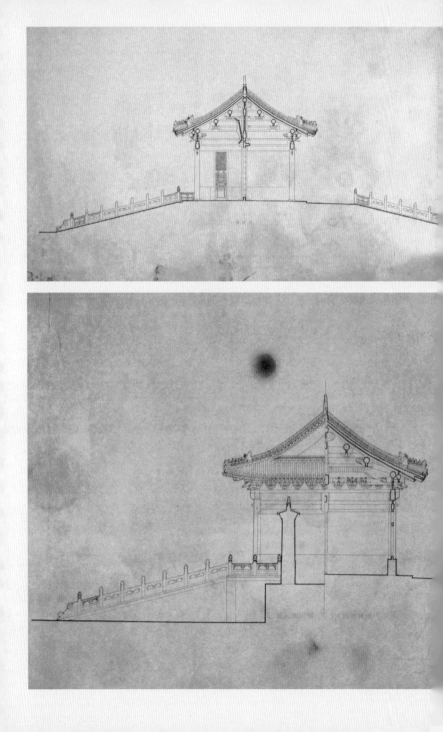

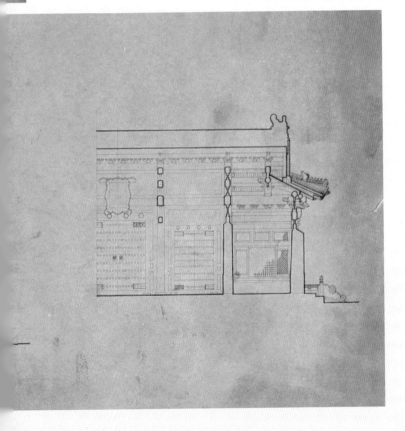

北平故宮太和殿右翼門（上下）

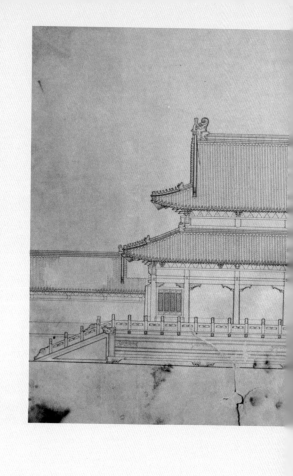

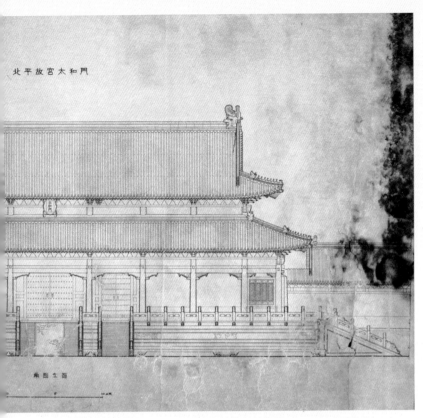

北平故宫太和门

南面立面

北平故宫太和门——南面立面

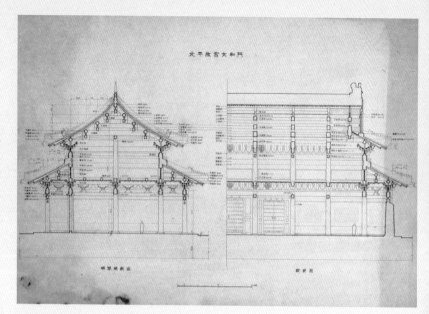

北平故宮太和門——明間橫斷面

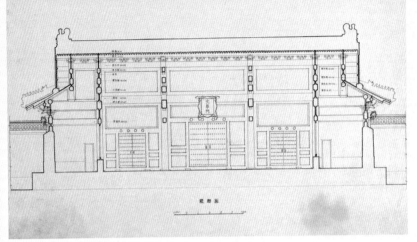

北平故宫文华门——纵断面

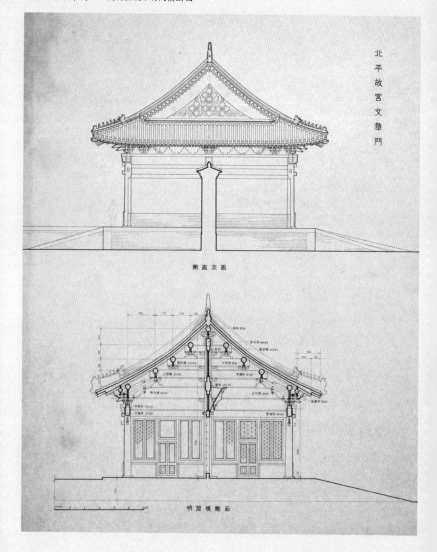

北平故宮文華門

側面立面

明間橫斷面

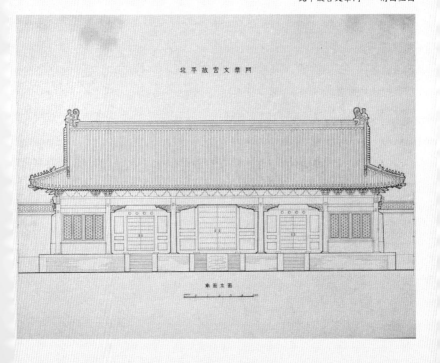

北平故宫文华门

南面立面

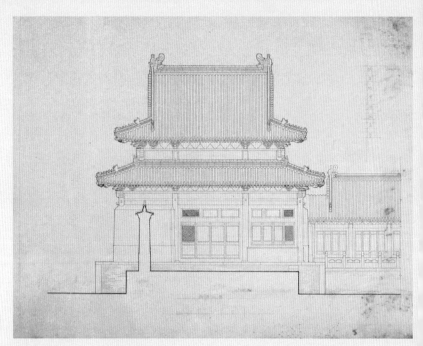

北平故宫西北角亭——南面立面

北平故宫西南角亭——北面立面

北平故宮西北角亭——東山面立面

北平故宮西南角亭——東山面立面

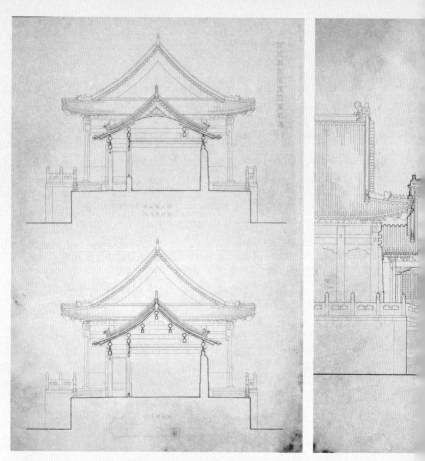

北平故宮貞度門西朝房——東山面立面、次間橫斷面明間橫斷面

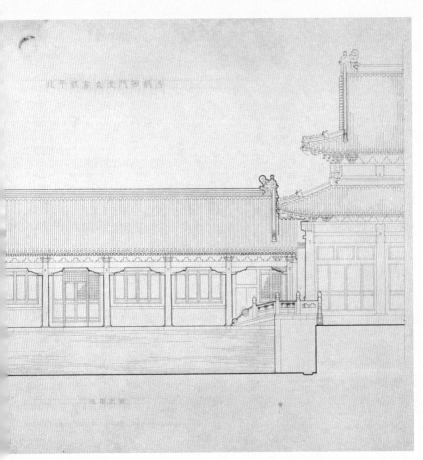

北平故宫贞度门西朝房——北面立面

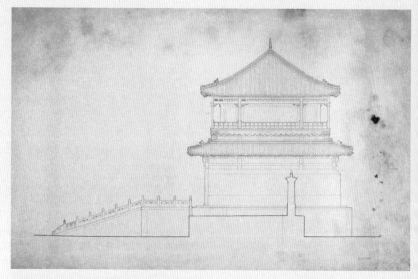

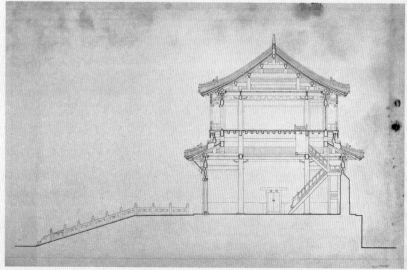

北平故宮體仁閣（上下圖）